Generis

PUBLISHING

Valorisation agronomique des digestats issus de la méthanisation de la bouse de vache

Application sur le maïs et le haricotdans la Région Administrative de Faranah-Guinée

Dr. Ibrahima Barry

Title:**Valorisation agronomique des digestats issus de la méthanisation de la bouse de vache**

Application sur le maïs et le haricotdans la Région Administrative de Faranah-Guinée

ISBN: 979-8-89248-724-5

Author:Dr. Ibrahima Barry

Cover image: https://pixabay.com/

Publisher: Generis Publishing
Online orders: www.generis-publishing.com
Contact email: info@generis-publishing.com

DEDICACE

Le mérite de ce travail, nous le devons au **TOUT PUISSANT ALLAH** et nous le dédions d'une part à la mémoire de nos regrettés père El hadj Amadou **BARRY** et mère Hadja Djenabou **BARRY** et d'autre part à notre chère épouse Oumou Koultoumy **BARRY** et en fin à nos enfants.

Que les âmes des défunts reposent en paix

TABLE DES MATIERES

RESUME

Cette recherche a été réalisée de février 2016 à décembre 2019 à l'Institut Supérieur Agronomique et Vétérinaire de Faranah (ISAV/F) République de Guinée dans le but de valoriser les ressources naturelles locales à travers la fertilisation des cultures du maïs et du haricot. C'est dans ce cadre, nous avons utilisé les digestats issus de la méthanisation des bouses de vache provenant de Dabola, Dinguiraye et Faranah. Pour cette recherche 75 paramètres ont été déterminés soit 48 par analyse, 5 par dénombrement, 3 par mesure, 1 par pesage, 9 par calcul et 9 par observation pour la culture du maïs et du haricot. Les analyses des digestats ont révélé que le digestat de Faranah (DFa) a une teneur en matière sèche élevée (49,45%) avec une teneur en ammoniac plus faible (0,11mg de N/g) contre celle de Dinguiraye (DDi) (27,41%) et (0,08mg de N/g). La variation de la teneur en cellulose brute est plus forte entre les digestats pendant que celle des matières minérales est plus faible. De la même manière, l'humidité, la matière sèche et grasse ainsi que la protéine présentent des fluctuations selon les digestats. Ce fertilisant organique a été employé dans la station expérimentale de l'ISAV à la dose de 12,5t/ha pour chaque culture. Le sol du site de l'essai est ferralitique à texture limono argilo sableuse légèrement acide (pH=6,25), pauvre en éléments nutritifs principalement en azote, phosphore, potassium assimilables et contenant 1,99% de matière organique. Les résultats des analyses bromatologiques du matériel végétal indiquent que la fluctuation de la teneur en protéine est beaucoup plus forte entre les variantes que celle de la cellulose brute et la matière minérale a enregistré la plus faible variation en teneur, pour le maïs. Quant au haricot, la fluctuation de la teneur en cellulose brute est plus forte entre les variantes que celle de la teneur en matière minérale. Pour les deux cultures les autres paramètres (humidité, matière sèche et matière grasse) présentent des fluctuations intermédiaires. Les variétés du maïs de couleur jaune "Espoir" provenant du Burkina Fasso et du haricot « Naine GPL 190" blanche de Baring - Pita ont été utilisées comme matériel végétal. Le dispositif expérimental a été le Bloc Complet

Randomisé (BCR) comprenant 4 variantes : (To ; DDa ; DDi, DFa) répétées quatre fois pour chaque culture. Les paramètres observés et analysés avec GENSTAT12 ont été pour le maïs : la vitesse moyenne de croissance, la hauteur moyenne des plants à la récolte et le poids de mille grains. Les résultats ont affiché une différence non significative entre les digestats. Par contre, le nombre moyen de rangées par épi et le rendement ont montré des différences significatives entre les variantes. Quant à la longueur moyenne des épis et au nombre moyen de grains par rangée la différence a été hautement significative : DDa et DFa ont fourni les meilleurs rendements : 4,67t/ha contre 3,39t/ha respectivement, sans différence significative entre eux. Le témoin a donné le plus faible rendement (1,62t/ha). Pour le haricot, les paramètres évalués et analysés ont été : la vitesse moyenne de croissance des plants au début de la floraison, le nombre moyen de gousses par plant, le nombre moyen de graines par gousse, le poids de mille graines et le rendement. Les analyses statistiques ont montré que la hauteur moyenne des plants à la floraison et le rendement ont affiché une différence significative entre les digestats. Le nombre moyen de gousses et de graines par plant et le poids de mille graines n'ont pas révélé de différence significative entre les variantes. En termes de rendement, les variantes DDi (2,01t/ha) et DFA (1,98t/ha) ont été les meilleures sans différence significative entre elles ; quant au témoin il a donné le plus faible rendement (1,4t/ha). Cette étude expérimentale révèle que, l'utilisation de digestats d'origines différentes (Dabola, Dinguiraye et Faranah,) comme amendement de sol, a influencé certains paramètres agronomiques et biochimiques du maïs (*Zea mays*) et du haricot *(Phaseolus vulgaris* L.), les plants ont subi des attaques de chenilles et d'escargots qui ont été contrôlés par le ramassage. Les résultats obtenus ont été publiés dans deux articles scientifiques.

Mots clés *: Zea mays – Phaseolus vulgaris* – digestat – déjections bovines – valorisation agronomique – paramètre – rendement, Région, Faranah

ABSTRACT

This research was carried out from february 2016 to december 2019 at the Agronomic and Veterinary Higher Institute of Faranah (ISAV / F) Republic of Guinea with the aim of developing local natural resources through the fertilization of corn and beans crops. In this context, we used the digestates from the methanisation of cow dung from Dabola, Dinguiraye and Faranah. For this research, 75 parameters were determined either (48) by analysis, (5) enumeration, (3) measurement, (1) weighing, (9) calculation or (9) observation for maize and beans crops. The analyzes of digestates revealed that the DFa has a high dry matter content (49.45%) with a lower amonia content (0.11mg N/g) compared to DDi (27.41%) and (0.08mg N/g). The variation of crude cellulose content is greater between the digestates while that of the mineral matter is lower. In the same way, the moisture, the dry and fat matter thus the protein have fluctuation depending on the digestates. This organic fertilizer was used in the experimental station of ISAV/F at the rate of 12.5t /ha. The soil of the site is feralitic with sandy clay loam texture slightly acidic (pH=6.25); poor in nutrients and contains 1.99% organic matter. The results of the Bromatological analysis indicate that the fluctuation of the protein content is much greater between the variants than that of the crude cellulose and the material matter had recorded the smallest variation in content, for the maize. As for beans, the fluctuation of the crude cellulose content is greater between the variants than that of the mineral content. For the both crops the other parameters (moisture, dry matter and fat) show intermediate fluctuation. The varieties of maize with yellow color ''Hope'' from Burkina Fasso and white beans ''Naine GPL 190'' from Baring- Pita were used as plant material. The experimental setup was the BCR with 4 variants : To ; DDa ; DDi ; DFA repeated four times for each crop. The parameter observed and analyzed with GENSTAT 12 were for maize : the average growth rate, the average height of plants at harvest and the weight of one thousand grains. The results showed a non-significant difference between the digestates. However, the average number of rows per ear and the yield showed significant differences between the variants. The average length of the ears and the average number of graines per row, the difference was heighly significant, DDa and DFa provided the best yields : 4.67t/ha against 3.39t/ha respectively, with no significant difference between them. The witness gave the lowest yield (1.62t/ha). For the beans, the parameters evaluated and analyzed were : the average growth rate of the plants at the beginning of flowering ; the average number of pods per plant ; the average number of seeds per pods, the weight of thousand seeds and the yield. Statistical analyzes showed that the average plants height at flowering and yield showed a significant difference between digestates. The average number of pods and seeds per plant and the weight of one thousand seeds did not reveal a significant difference between the variants. In terms of yield the variants DDi (2.01t/ha) and DFa (1.98t/ha) were the best without any significants differences between them ; the witness (1.4t/ha) gave the lowest yield. This experimental study reveals that, the use of digestates of different origins (Dabola, Dinguiraye and Faranah), as soil amendment influenced some agronomic and biochemical parameters of maize (Zea mays) and beans (Phaseolus vulgaris L.), the plants were attacked by caterpillars and snails and were controlled by picking. The results obtained were published in two scientific articles.

Key words : *Zea mays- phaseolus vulgaris-* digestate – cattle excrement - agronomic valuation – parameter – Yield- Region- Faranah.

REMERCIEMENTS

J'avoue qu'il me sera impossible de citer ici nommément tous ceux à qui je dois gratitude et reconnaissance pour avoir contribué à l'élaboration de cette thèse. Je m'en excuse fort et les remercie.

Mes remerciements vont :

- A l'Etat Guinéen par l'entremise du Ministère de L'Enseignement Supérieur et de la Recherche Scientifique pour le financement de ma formation doctorale.

- Au Pr Doussou Lanciné TRAORE Recteur de l'Université Gamal Abdel Nasser de Conakry (UGAN/C), pour avoir accepté mon inscription au sein de son Université.

- Au Pr Sara Baïlo DIALLO Directeur Général de l'ISAV/Faranah (République de Guinée), qui, malgré ses occupations a accepté de tout cœur de me conduire au Doctorat comme directeur de thèse. Par sa rigueur scientifique, son acharnement et son abnégation il m'a toujours inspiré confiance et donné le courage nécessaire pour faire un pas de plus en avant depuis mon Master, je lui exprime ma profonde gratitude ;

- Au Pr Mamby KEITA, Professeur Titulaire, Directeur Général Adjoint de l'Enseignement Supérieur qui a bien voulu accepter assurer la codirection de cette thèse. Pas à pas, avec méthode, patience et persévérance il a su m'orienter ;

- Au Pr Diawadou DIALLO, pour toutes les corrections apportées dans l'élaboration de cette thèse

- A Dr Mamadou Billo BARRY, Directeur Scientifique de l'IRAG pour son appui technique ;

– Au Pr Amadou Tanou DIALLO, Chef Laboratoire de pédologie et chimie des sols de l'ISAV, pour m'avoir reçu dans son laboratoire pour faire les analyses de sol et m'assister au terrain.

– Aux personnels des laboratoires du Service National des Sols, du Laboratoire Central Vétérinaire de Diagnostic (République de Guinée), du CERE, et Hôpital Régionale de Faranah pour leurs contributions à l'analyse des échantillons de sol, de la bouse de vache, du digestat et des grains du maïs et haricot ;

– A ces scientifiques, membres du jury qui, malgré leurs multiples charges ont accepté d'examiner cette thèse en vue d'apporter des critiques pertinentes.

– Au Pr Idrissa DIABY, Directeur du LEREA, Prof. Mawiatou BAH pour leur participation scientifique dans le travail, sans oublier Monsieur Aamadou Lamarana BAH, Enseignant Chercheur au LEREA ;

– A Dr SAKOUVOGUI Ansoumane, Enseignant Chercheur à l'Institut Supérieur de Technologie de Mamou pour les échanges fructueux ;

– A l'ISAV pour avoir abrité les essais ;

– Aux étudiants Amadou Petel DIALLO, Mohamed Lamine SYLLA, Sékou Ahmed DIALLO, Lanciné Konaté, Julien Koundouno et Philomène KOUROUMA en fin de cycle, Alpha Oumar Sadjo BARRY au Master, avec lesquels les travaux de terrain ont été menés correctement avec un suivi régulier ;

– A Monsieur Namory BERETE, Enseignant chercheur à la retraite pour le temps qu'il a toujours trouvé pour la lecture et l'orientation au cours de mes travaux ;

– EL hadj Mamadou Djouldé BARRY et frères, El hadj Mamadou Yaya BAH et leur famille pour les soutiens matériels et moraux ;

Je ne remercierai jamais assez ma brave épouse (Madame BARRY née Oumou Koultoumy BARRY) et nos enfants (Mamadou Yaya, Oury Baïlo, Elhadj Amadou, Hadja Kadiatou et Mamadou Lamarana) pour leur patience et leur compréhension pour mes absences lors de toute ma formation Doctorale.

Qu'ALLAH, bénisse ce travail pour le bonheur de la Nation Guinéenne. Amen !

LISTE DES ABREVIATIONS (SIGLES ET ACRONYMES)

SIGLE	SIGNIFICATION
al.	Alliés
BCR	Bloc Complet Randomisé
CEC	Capacité d'Echange Cationique
CM	Calibres Moyens
C/N	Carbone sur Azote
CR	Commune Rurale
DES	Diplôme d'Etudes Supérieures
Fig.	Figure
HMPR	Hauteur Moyenne des Plants à la Récolte
Km	Kilomètre
Km²	Kilomètre au carré
LCVD	Laboratoire Centre Vétérinaire de Diagnostic
méq/100g	Milliéquivalent par 100g
MS	Matière Sèche
MO	Matière Organique
NB	Nota bene
NS	Non Significatif
NPK	Azote Phosphore Potassium
OMS	Organisation Mondiale de la Santé
ONG	Organisation Non Gouvernementale
pH	Potentiel d'Hydrogène
PPDS	Plus Petite Différence Significative
PC	Pouvoir Calorifique
PCI	Pouvoir Calorifique Inferieur
RGPH	Recensement Général Population et Habitat
TMES	Teneur de Matière En Suspension
T/ha	Tonne par hectare
USAID	United State Agency for International Développent (Agence de Développement International pour les Etats Unis)

ACRONYMES	
AEMIP	Agriculture Education and Market Improvement Program (Programme D'Amélioration de l'Education et du Marché Agricole)
ANOVA	Analysis of Variance (Analyse de Variance)
ANPROCA	Agence Nationale pour la Promotion Rurale et le Conseil Agricole
CERE	Centre d'Etude et de Recherche en Environnement
CERESCOR	Centre de Recherche Scientifique de Conakry Rogbané
CIRAD	Centre International de Recherche Agronomique et Développement
FAO	Food and Agriculture Organization (Fonds des Nations Unies pour l'Alimentation et l'Agriculture)
FEM	Global Environment Fund (Fond Mondial pour L'Environnement)
INRA	Institut National de Recherche Agronomique de Paris
INRAN	Institut National de Recherche Agronomique de Niger
ISAV	Institut Supérieur Agronomique et Vétérinaire
IRAG	Institut de Recherche Agronomique de Guinée
LEREA	Laboratoire d'Enseignement et de Recherche en Energétique Appliquée
PNUD	Programme des Nations Unies pour le Développement
PMPOA	Programme de maîtrise des Pollutions d'Origine Agricole
SENASOL	Service National des Sols

LISTE DES TABLEAUX ET DES FIGURES

LISTES DES SCHEMAS ET PHOTOS

N°	SCHEMAS	
1	Dispositif expérimental pour la culture du maïs	109
2	Dispositif expérimental du pour la culture du haricot	110
	PHOTOS	
1	Bio-digesteur de Dinguiraye	151
2	Prélèvement du digestat dans la fosse à compost à Dinguiraye	151
3	Prélèvement du digestat (Site de Darou)	151
4	Bio-digesteur de Faranah	152
5	Profil pédologique exécuté	152
6	Prélèvement des échantillons du sol	152
7	Détermination de NPK et du pH du sol au laboratoire de l'ISAV/F	153
8	Digestats préparés pour l'épandage	153
9	Préparation du champ expérimental du maïs	153
10	Végétation au 15eme jour après semis du maïs	154
11	Végétation aux 40eme jours après semis du maïs	154
12	Ramassage des chenilles	154
13	Echantillons récoltés parcelle élémentaire du maïs	155
14	Epis séchés du maïs	155
15	Grains du maïs	155
16	Montage du dispositif expérimental du haricot	155
17	Vue de l'essai après 15eme jours de semis du haricot	155
18	Floraison 40jours après semis du haricot	155
19	Début de fructification du haricot	156
20	Comptage des gousses par plant du haricot	156
21	Grains du haricot après séchage	156

INTRODUCTION GENERALE

La démographie est galopante au plan national, sous régional et mondial. Conséquemment les besoins en denrées alimentaires augmentent. En Guinée, l'agriculture est confrontée à des contraintes liées au faible niveau de fertilité des sols et au déficit pluviométrique. Ainsi, les importations des denrées de première nécessité imposent une dépense considérable de devises à l'Etat.

A l'heure actuelle, la gestion des déchets posent un problème environnemental très préoccupant pour les pays en développement. Face à l'enjeu de cette situation il est nécessaire de mettre en place une politique concrète et durable de gestion des déchets à moindre coût, afin de limiter les risques que peuvent courir les populations. Pour ce faire, l'une des options les plus bénéfiques pour la population cible en majorité paysanne est la valorisation agronomique de ces déchets pour l'amélioration du rendement des cultures et la production de biogaz. (FAO, 1990).

De nos jours, la réalisation des digesteurs est une préoccupation socio-écologique majeure en Guinée l'approche intégrée dans l'analyse des enjeux associés à la gestion des digesteurs en zones rurales nous permettra de comprendre l'écosystème informel de gestion dans son ensemble.

L'amélioration des rendements à travers une agriculture biologique appuyée par un élevage intensif durable pourrait être une alternative pour approvisionner les digesteurs en matière première dans la production de l'énergie domestique. En outre, cela permettrait de bien gérer les déchets et assurer un environnement sain à la population. Ce type d'agriculture réduirait l'emploi d'intrants chimiques chers pour les paysans.

En Guinée, la méthanisation des déchets bovins se développe peu à peu depuis quelques années pour des raisons écologiques et économiques. Les besoins en énergie augmentent d'année en année à cause de la démographie, de l'évolution technologique, de la rareté des ressources énergétiques, bois de chauffe, courant électrique etc.

La mise en place d'une politique de production de biogaz va selon BARRY (2013), sans doute résoudre le problème d'énergie familiale, préserver l'environnement mais aussi contribuer à la fertilisation des sols agricoles avec moins d'intrants chimiques.

Compte tenu de la rareté de bonnes terres agricoles et de la demande croissante des produits alimentaires, il revient au Gouvernement d'adopter des mesures de conservation des sols en vue de les rendre perpétuellement productifs pour les générations présentes et futures.

C'est dans cette optique que les services guinéens du Département de l'Agriculture, les Projets, ONG et Organisations Paysannes affiliés sont commis à la tâche dans le souci d'une préservation et d'une gestion durable des sols disponibles.

Ainsi, le développement de la méthanisation des déchets organiques et des effluents constituent un enjeu fort pour la Guinée à plusieurs niveaux : la production d'énergie renouvelable de type familial, la préservation de la qualité des sols par une bonne gestion à partir de la matière organique résiduelle. C'est pourquoi, de nombreuses installations de bio digesteurs ont vu le jour depuis quelques années ; par endroits le LEREA et ses partenaires CERESCOR et l'ISAV avaient réalisé de façon expérimentale des digesteurs pour produire du bio gaz sans s'intéresser à la valeur agronomique du digestat produit.

Actuellement, un projet de 2000 bio digesteurs est en phase de réalisation à travers le pays (PROJET Biogaz pour l'Agriculture et l'Energie-BIOGESTEUR POUR MIEUX VIVRE AU VILLAGE : GUIINE-FEM-PNUD)

Les digestats issus du processus de méthanisation sont de nouvelles matières résiduaires organiques destinées à l'épandage agricole (ADEME, 2011). Il y'a lieu de signaler que cette activité n'est pas suffisamment connue en Guinée. Avec cette tendance, il est donc important de saisir cette opportunité pour évaluer l'effet des digestats produits sur la fertilité des sols pour une bonne nutrition végétale.

La méthanisation de la matière organique est un phénomène comparable à la phase thermophile du compostage. Il s'agit de phases d'intenses activités bactériennes où le carbone le plus facilement accessible est dégradé en CO_2 avec dégagement de chaleur ou en méthane et en CO_2. A la fin de ces processus biologiques, on obtient le digestat et le compost frais qui subissent une phase de maturation (réorganisation de carbone, humification) pour obtenir un produit stabilisé. La qualité du digestat est influencée par les matières premières et le procédé utilisé (SOLAGARD, 2011). La bio méthanisation des déchets est en pleine expansion, la production d'énergie et la conservation des éléments fertilisants sont des atouts importants de cette filière pour limiter les risques que peuvent courir la population.

Cette option reste la plus bénéfique pour notre couche paysanne n'ayant pas des connaissances approfondies sur la valorisation agronomique des déchets. Elle favorise la fertilisation des sols en vue d'obtenir de hauts rendements tout en produisant du biogaz (FACIA, 2013).

Le digestat est riche en azote minéral et en d'autres éléments minéraux. Son emploi peut se faire à l'état solide (méta compost) ou liquide comme fertilisant du sol agricole ou fertilisant hors sol (M'SADAK, *al.* 2017)

Selon BAUMANN, et *al* (2010), le maïs est une plante exportatrice (appauvrissante du sol) ; quant au haricot, il le restaure en fixant l'azote atmosphérique dans les nodosités et ses fanes (formation d'humus) contribuent à améliorer la texture du sol.

La production agricole ne peut se faire si le sol est infertile. La fertilité étant l'aptitude d'un sol à produire des récoltes en fonction de ses qualités intrinsèques et des techniques culturales utilisées de manière continue. Il y'a 16 éléments nécessaires pour le fonctionnement normal de la machine biochimique de la plante. Ces éléments doivent être dans le sol sous forme assimilable par les végétaux (MACIAS et *al*, 2008).

Selon Ganry (1991), dans la valorisation des nouvelles sources de fertilisants, le monde agricole a la possibilité de développer de nouvelles voies de fertilisation dans les prochaines années. La production de digestat sur la base de bio méthanisation représente une opportunité intéressante et contribue à répondre aux exigences de fertilisation organique des plantes cultivées.

La gestion de la fertilité des sols constitue une problématique dans la majorité des exploitations agricoles dans le monde. Par ailleurs, en République de Guinée en général et dans la région de Faranah en particulier, les sols sont dégradés ; la divagation du cheptel est un facteur favorisant l'insuffisance de fumier. Le test des systèmes alternatifs de fertilisation est donc nécessaire pour des raisons économiques, sanitaires et environnementales (SOILIHIA 2013 et MOKRY 2017).

Le maïs est une céréale cultivée dans diverses zones agro écologiques seul ou en association avec d'autres plantes comme le haricot. Le maïs dans plusieurs pays est un aliment de base pour la nutrition des hommes et des animaux domestiques (volaille, porcs, bovins) et sert de matière première dans certaines brasseries, savonneries, et huileries. Le grain est consommé sous plusieurs formes (cuite, grillée en salade, soupe) ; frais c'est un légume (maïs de bouche). La farine de maïs est transformée en tô, latchiri, *n'dappa,* vin, bouillie, beignet, cousse-cousse, semoule et gâteau etc. Aussi le son de maïs est consommé par les animaux, il est utilisé pour l'alimentation humaine et animale.

Le haricot est une légumineuse de grande valeur nutritive que l'on cultive pour ses grains riches en protéines, en matière grasse, en amidon, en cendre, et en cellulose. La culture de haricot est un atout important pour la population rurale car elle satisfait leurs besoins en période critique (soudure) et constitue aussi une source de revenu pour eux. Son rôle agronomique n'est pas à négliger car il est capable de fixer l'azote atmosphérique d'où l'enfouissement de ses résidus pour enrichir le sol en azote ; par conséquent, il améliore la fertilité de celui-ci. Aussi il rentre dans l'alimentation humaine (graines) et animale (graines et biomasse), d'où la nécessité de promouvoir cette culture sous fertilisation.

La question primordiale qui préoccupe le monde agricole c'est comment augmenter la production en maintenant la superficie invariable puisque la population mondiale ne cesse d'augmenter d'une année à l'autre (ESCALANT, *al*. 2012).

Pour ce faire une solution fiable est d'amender les sols par les engrais chimiques ou organiques. Il se trouve que les engrais chimiques foliaires sont chers. Une alternative est la valorisation des déchets organiques (bouses de vaches, digestats…)

Un des domaines importants de l'interaction entre activité humaine et environnement est la gestion des déchets. Pour certains, leur mise dans les décharges est la meilleure solution pour les pays à faible revenu. Par contre, d'autres formes de valorisation comme leurs recyclages à l'actif de l'agriculture, restent et demeurent les plus prometteuses, efficaces et durables (DIABATE et *al*, 2006).

Il est connu que toutes les dispositions visant à améliorer les propriétés physicochimiques et biologiques des sols agricoles ont pour objet, l'accroissement des rendements des cultures. A un coût réduit, l'engrais organique est très abordable par les producteurs eu égard à son abondance en milieu rural. C'est le cas des déjections bovines pour la production de digestats.

Ainsi, pour une gestion des ressources naturelles pour la satisfaction des paysans et vu les conditions écologiques favorables à l'évolution des bovins, aussi en tenant compte de l'estimation du potentiel du cheptel guinéen de 2017 (bovins :

7 022 179, caprins 3 042 552 : ovins : 2 539306 et Porcins : 139 523), et celui de la région administrative de Faranah estimé aussi en 2017 :

bovins = 1.193 217 ; ovins = 343 817 ; caprins = 293 376 et porcins = 3 467 obtenu à la DREF en (2019), l'utilisation de la matière organique permet d'amoindrir le coût de production agricole et énergétique ;

Par ailleurs, du fait de la disponibilité de la bouse de vache dans les zones rurales et péri-urbaines et l'installation de nombreux digesteurs à travers le pays (Projet Biogaz) et tenant compte de tout ce qui précède, nous avons mené des recherches dans le domaine de la valorisation agricole des digestats en tant que fumure organique pour l'amendement des sols afin d'accroitre les rendements des cultures. Ce qui justifie le choix de notre thèse de doctorat intitulé :

Valorisation agronomique des digestats issus de la méthanisation de la bouse de vache : application sur le maïs et le haricot dans la Région Administrative de Faranah-Guinée,

Pour mener cette recherche, nous nous sommes fixés comme objectif général de ;

Contribuer à la détermination du potentiel agricole de digestats issus de déjections bovines pour la culture du maïs et du haricot dans la Région Administrative Faranah.

Et pour objectifs spécifiques :

1 - Faire une caractérisation chimique et physique des sols du site d'expérimentation ;

2 - Déterminer la qualité chimique, agrochimique, parasitologique, microbiologique et bactériologique de la bouse de vache et des digestats ;

3 - Evaluer le rendement et la qualité biochimique des grains du maïs et du haricot.

La thèse est fondée sur les hypothèses suivantes :

- L'utilisation de digestats issus de la méthanisation de la bouse de vache en nutrition végétale pourrait augmenter le rendement du maïs et du haricot ;

- Le digestat pourrait améliorer la qualité biochimique des grains de maïs et de haricot.

Ces travaux de recherche s'inscrivent dans le cadre du programme de formation doctorale en systèmes Energétiques du LEREA de l'UGANC en collaboration avec l'ISAV de Faranah.

Ce document c'article comme suit :

Une introduction générale, quatre (4) chapitres, une conclusion, des perspectives, des références bibliographiques et des annexes.

CHAPITRE I : PRESENTATION DE LA ZONE D'ETUDE

CHAPITRE I : PRESENTATION DE LA ZONE D'ETUDE

Dans le cadre de la valorisation agronomique des digestats issus de la méthanisation de la bouse de vache nous avons choisi la Région Administrative de Faranah vu son potentiel agropastoral important. Cette région administrative occupe la partie centrale du territoire guinéen qui représente la zone de transition entre la Moyenne Guinée, la Haute Guinée et la Guinée Forestière.

La région administrative de Faranah est située entre 8°50' et 12° de latitude Nord et 9°15' et 11°29' de longitude Ouest.

Elle regroupe 4 Préfectures : Dabola, Dinguiraye, Faranah et Kissidougou subdivisées en 42 communes dont 4 Urbaines et 38 rurales, 470 districts et 53 quartiers. (*Voir Figure 1*)

1.1- Situation géographique

La région de Faranah est limitée au Nord par la République du Mali, au Sud-ouest par la République de Sierra Léone et la Région administrative de Nzérékoré, à l'Est par la Région Administrative de Kankan et à l'Ouest par les Régions Administratives de Mamou et de Labé et la République de Sierre Léone.

Elle couvre une superficie de 35.851 km^2 et comptait en 2017 une population de 1 035 162 habitants dont 538 535 femmes et 496 627 hommes selon le RGPH3 pour une densité moyenne de 29 habitants au km^2.

1.2 - Climat et Relief

Le climat dans son ensemble est de type soudano guinéen avec l'alternance de deux saisons : une sèche et une pluvieuse. Aussi, de par sa position géographique intermédiaire entre le Fouta Djallon, la Haute Guinée et la Guinée forestière, la région est soumise à l'influence de trois types de micro climats ;

- Le type tropical de montagne ou climat foutanien ;
- Le type tropical sub soudanien ;
- Et Le type sub équatorial.

Dans cette région, la pluviométrie annuelle moyenne varie entre 1200mm à 2300mm d'eau par an du Nord vers le Sud. Les températures sont élevées et oscillent entre 24 et 30°C en moyenne. L'humidité atmosphérique relative oscille entre 69 et 85% en moyenne tandis que les vents dominants sont l'harmattan et la mousson.

Son relief est peu accidenté avec une altitude moyenne de 450 m ; c'est une zone de transition entre les montagnes du Fouta Djallon et les plateaux de l'Est de la Haute Guinée constituée des plateaux du Sankaran et du Oulada qui sont en général latéritiques.

Les massifs montagneux du Daro au Sud-est et de Fitaba au Nord-est caractérisent la région.

L'hydrographie est dense et est constituée principalement des fleuves du Niger, du Tinkisso, du Mafou, du Niandan, du Bafing et du Banié entrainant la formation de nombreuses plaines cultivables.

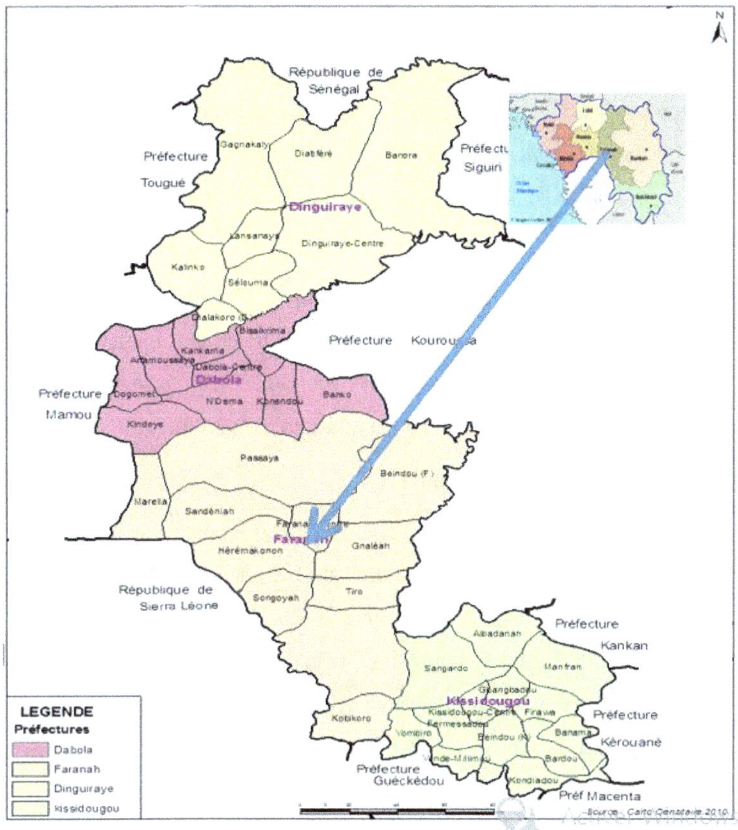

Figure 1 Carte de la région administrative de Faranah

1.3 - Sols et Agriculture

Cette région administrative est constituée de sols ferralitiques sur coteaux et aux flancs des montagnes, argilo limoneuses dans les plaines, hydromorphes dans les bas-fonds. Selon ANASA (2015), les superficies (ha) des principales cultures vivrières sont : Riz = 241 772 ; Maïs = 67 547 ; Fonio = 42 658 ; Manioc = 16 517, Igname = 11 052 soit un total de 472 590 ha ;

1.4 – Elevage et Economie

L'élevage est l'une des principales activités de la population de la région administrative. Il se maintient et se développe plus ou moins rapidement au fil des ans. L'existence des plaines inondables fournissent en saison sèche des pâturages excellents et abondants. A l'état actuel, cet élevage revêt un caractère purement extensif ;

L'estimation du cheptel de la Région en 2017 est de : Bovins =1.193217 ; Ovins= 343 817 ; Caprins = 293 376 et Porcins = 3 467 (Direction Régionale d'Elevage de Faranah, 2019). Cette région à une économie axée essentiellement sur l'agriculture, l'élevage, le commerce et l'artisanat ;

1.5 - Présentation des sites d'études

Cette étude a été réalisée à l'Institut Supérieur Agronomique et Vétérinaire de Faranah (ISAV/F), situé au centre-ville. Cette Institution est la seule formation supérieure du pays et relevant du Ministère de l'Enseignement supérieur et de la Recherche Scientifique. Elle comprend sept (7) Départements dont : Agriculture, Agroforesterie, Eaux et Forêts-Environnement, Economie Rurale, Elevage, Génie Rural et Vulgarisation agricole, Master en agriculture et Gestion des Ressources en Eau et 13 services. L'essai a été réalisé dans le champ expérimental du département Agriculture ayant une superficie de 1ha et comprenant 12 blocs et 48 sous-blocs de 220 m^2 en moyenne.

Elle est délimitée par une clôture grillagée permettant d'y pratiquer des essais en toute saison avec la présence de deux forages d'irrigation, équipés de châteaux d'eau. La clôture et l'aménagement interne ont été réalisés en 2014 grâce au Projet AEMIP dans le cadre de la collaboration entre l'ISAV et l'USAID/Winrock International. Pour atteindre nos objectifs dans cette recherche, nous avons utilisé la méthode expérimentale en plein champ, afin de valoriser le digestat dans la production du maïs et du haricot.

Des échantillons de bouse de vache et de digestat ont été prélevés dans le secteur de Gbenikoro quartier Marché II (commune urbaine de Faranah), dans le secteur Darou (quartier Sincery) et le secteur Kalia (quartier Foudéen II) dans la commune urbaine de Dabola et dans le secteur Marégala district Kobiley-sèré dans la commune urbaine de Dinguiraye ;

1.5.1 - Présentation du site de Gbenikoro

1.5.1.1 - Localisation

Le bio-digesteur de Gbenikoro est situé à 5 km du centre de la commune urbaine de Faranah. Il appartient à Kemoba CISSE qui dispose de 8 bovins, 12 ovins comme cheptel avec 58m^2 et 30m^2 comme surface de l'étable et de la bergerie.

1.5.1.2 - Caractéristiques du bio digesteur

C'est un digesteur de type Faso bio 15 du Burkina Faso, de forme cylindrique enterré à dôme fixe, de 6 m^3, construit en 2017 pour une exploitation familiale dans le cadre du projet du biogaz du ministère de l'Environnement Eaux et Forêts, appuyé par le FEM et PNUD, projet qui a pour Objectif la création d'un marché à des fins de développement et d'utilisation de ressources de biogaz en Guinée.

Les différentes dimensions du bio-digesteur de Gbénikoro sont consignées dans le tableau 1

Tableau 1 : Caractéristiques technologiques du bio-digesteur

N°	Désignation	Symbole	Dimensions (cm)
1	Profondeur du trou	P_{dig}	170
2	Hauteur à la base	H_{bases}	20
3	Rayon du bio-digesteur	R_{dig}	118
4	Hauteur du mur du bio-digesteur	H_{dig}	85
5	Rayon de courbure du dôme	R_{dom}	135
6	Hauteur du dôme	H_{dom}	70
7	Hauteur intérieure du digesteur et du dôme	H_{tot}	155
8	Hauteur du trou d'homme	H_{bd-bs}	120

10	Hauteur maximale de déplacement des effluents	H_{mxl}	35
11	Rayon du bassin de sortie	R_{bs}	82
12	Hauteur du bassin de sortie	H_{bs}	60
13	Epaisseur du dôme	Ed_{om}	7
14	Epaisseur du digesteur	Ed_{ig}	7
15	Epaisseur de la dalle du digesteur	Ed_{aldig}	8
16	Hauteur muret	H_{muret}	60

1.5.1.3 - Production en digestat

La procédure d'alimentation du digesteur est la suivante : 40 kg de bouse de vache pour 40 litres d'eau par jour, soit un ratio 1/1, avec obtention de 90% du substrat selon ADEME (2011) à la sortie soit 70kg de digestat.

1.5.1.4 – Coût d'un digesteur

Le financement a été assuré par le propriétaire et le projet Biogaz appuyé par PNUD. Le coût total de réalisation du digesteur est de sept millions cinq cents Francs Guinéens (7 500 000 FG). La participation du bénéficiaire est de 2500 000FG soit 33,33%. Il faut noter que le propriétaire utilise aussi pour l'alimentation du digesteur des bouses d'autres de vaches du village

1.5.2 - Présentation des sites de Darou et de Kalia

a. **Site de Darou :** Il est situé dans le quartier Sincery à 2km du centre-ville de Dabola appartenant à Karamoko DOUMBOUYA qui a un cheptel de 12 bovins abrités par une étable de 52m^2, 10 caprins logés dans une chèvrerie de 25m^2

b. **Le Site de Kalia :** Situé dans le quartier Foudén II, à 6Km du centre-ville de Dabola appartenant à Mamadou BARRY qui possède 15 bovins et 10 ovins comme cheptel.

1.5.3 - Présentation du site de Maregalla

Le digesteur se trouve dans le secteur de Marégala situé à 4km de son district (Kobiley-sèré) et à 15km de la commune urbaine de Dinguiraye. Ce digesteur appartient à Mamadou Djenabou MAREGA chef de secteur possédant 4 bovins, 15 caprins comme cheptel. Le propriétaire du digesteur utilise des bouses d'autres vaches du village pour alimenter son digesteur.

En terme de caractéristiques du bio digesteur, la production du digestat et le financement sont identiques à celui de Gbénikoro (Faranah) et de Maregalla dans Dinguiraye ; les photos de ces digesteurs se trouvent en l'annexe I.

CHAPITRE II – GENERALITES

CHAPITRE II : GENERALITES

2.1 - Caractéristiques du maïs

2.1.1 - Description

Le maïs (*Zea mays*) est une céréale cultivée dans diverses zones agro écologiques, seul ou en association avec la plupart des cultures. Plusieurs recherches sont menées pour déterminer l'origine du maïs qui reste encore incertaine. De nombreux chercheurs affirment que le maïs serait d'origine mexicaine. La figure 2 indique l'évolution du maïs.

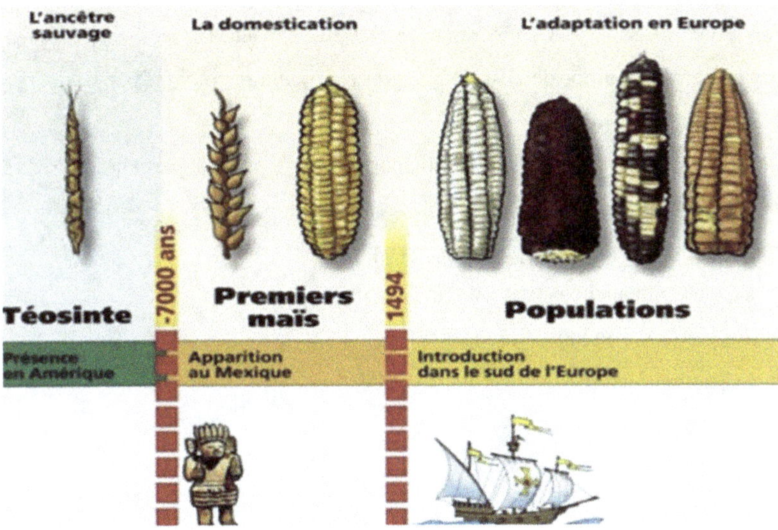

Figure 2 : Origine, domestication et adaptation du maïs

D'après ESCLANTE et *al.* (2012) le maïs est une plante tropicale de la famille des graminées, constituant l'alimentation de base des civilisations d'Amérique centrale.

Aujourd'hui, le maïs est devenu la première céréale cultivée dans le monde, devant le riz et le blé. Récolté en grain ou avec toute la plante, le maïs est largement utilisé dans l'alimentation animale et humaine, et pour des usages industriels (http://agreste.agriculture.gouv.fr 2016).

Selon PIERRE (2005) le genre *Zea* auquel appartient le maïs cultivé dans les pays d'Afrique centrale et orientale est plus précisément de la région centrale du Mexique.

2.1.2 - Historique

L'espèce *Zea mays* est introduite en Europe au XVIe siècle, avec l'avènement des semences hybrides dans la première moitié du XXe siècle, puis des semences transgéniques récemment utilisées, le maïs est devenu le symbole de l'agriculture intensive en Europe de l'Ouest, aux États-Unis et en Chine mais il est aussi cultivé de façon très extensive en Afrique de l'Ouest, du Sud ou semi-extensive en Argentine et en Europe de l'Est (http://agreste.agriculture.gouv.fr 2016).

2.1.3 - Systématique

CISSE et ses collaborateurs (2005) rapportent que le maïs appartient : au règne végétal ;

- à l'embranchement des phanérogames ;
- au sous embranchement des angiospermes ;
- à la classe des monocotylédones ;
- à l'ordre des glumales ;
- à la famille des graminées ;
- à la tribu des maydées
- au genre Zea ;
- et à l'espèce *Zea mays* (L)

2.1.4 - Caractéristiques botaniques

a - Racines

POMA (2015) décrit comme suit le système racinaire du maïs : fasciculé avec de nombreuses racines dites adventives qui se développent à la base de la tige et forment un réseau de racines d'égale dimension. Elles permettent l'ancrage mécanique de la plante dans les couches superficielles du sol.

b - Tige

Le maïs forme une seule tige principale pouvant atteindre 1 à 4 m de hauteur et à partir de laquelle sont formées toutes les feuilles.

Selon ESCLANTE et *al.* (2012) la tige est longue de 1,5 à 3,5 m et d'un diamètre important, variant de 5 à 6 cm. Elle est lignifiée, remplie d'une moelle sucrée, formée de nœuds et d'entre-nœuds (d'une vingtaine de cm). Au niveau de chaque nœud est insérée une feuille de façon alternative sur la tige.

c - Feuilles

Le maïs a de longues feuilles larges poilues, dressées horizontalement, face supérieure vers le haut.

Elles sont de grande taille (jusqu'à 10 cm de large et 1 m de long) et engainantes (qui se collent à la tige par sa base) avec un limbe plat allongé en forme de ruban à nervures parallèles. Entre le limbe et la gaine, on distingue une petite ligule (ESCLANTE et *al.* 2012).

e - Inflorescences et fleurs

On trouve sur un même pied, une inflorescence mâle et des inflorescences femelles séparées.

- L'inflorescence mâle est une panicule terminale composée d'épillets contenant des pollens dont la viabilité est de 8 jours. Les fleurs mâles sont composées de glumes et glumelles entourant trois étamines.

- Une à quatre inflorescences femelles à chaque pied. Elles sont situées sur l'aisselle des plus grandes feuilles au milieu de la tige. Ce sont des épis enveloppés dans des feuilles modifiées appelées « spathes » qui se dessèchent à maturité. Chaque épi est constitué par une « rafle » sur laquelle sont insérés en rangées verticales des centaines d'épillets à deux fleurs femelles dont une seule est fertile. Au moment de la fécondation, les styles des fleurs sortent à l'extrémité supérieure des épis sous forme de stigmates filiformes (partie supérieure du pistil en forme de fil) ou de soies vertes ou rosées. Les fleurs femelles possèdent chacune un ovaire surmonté d'un style très long.

Les fleurs mâles apparaissent avant les fleurs femelles. La fécondation est donc croisée (ESCLANTE et *al,* 2012).

f - Fruits

ESCLANTE et *al.* (2012) ont écrit que selon les variétés, les grains sont disposés en 8 à 20 rangées verticales le long de l'axe de l'épi, appelé rafle.

Ils ont des formes multiples (globulaire, ovoïde, prismatique dentée.), et de différentes couleurs (blanc, jaune roux, doré, violet, noir). Ils sont parfois lisses ou ridés. Un épi peut contenir environ 500 à 1 000 grains avec un poids moyen de 150 g à 330 g à la maturité. Chaque grain est composé d'un germe (embryon + cotylédon), d'un albumen et d'un péricarpe qui est une enveloppe extérieure dure qui empêche l'entrée de champignons et de bactéries.

Les réserves énergétiques représentent 80 à 84 % du poids total du grain frais. Composées de fécules (90 %) et de protéines (7 %), accompagnées par des huiles, des minéraux et d'autres composés, elles fournissent de l'énergie à la plante au cours de son développement. Le germe à l'extrémité inférieure du grain occupe 9,5 à 12 % du volume total du grain. Dans l'huile du grain mature, le germe contient un pourcentage élevé (35 à 40 %).

- **Composition chimique des principales parties des grains de maïs**

Le tableau 2 donne la composition chimique du grain de maïs et sa valeur nutritive qui lui confère une bonne position parmi les céréales entrant dans la catégorie « agroalimentaire »

Tableau 2 : Composition chimique des principales parties des grains de maïs (ESCLANTE et *al.* 2012)

Composant chimique	Péricarpe (%)	Albumen (%)	Germe (%)
Protéines	3,7	8,0	18,4
Extrait à l'éther	1,0	0,8	33,2
Fibres brutes	86,7	2,7	8,8
Cendres	0,8	0,3	10,5
Amidon	7,3	87,6	8,3
Sucre	0,34	0,62	10,8

g - Physiologie développement et résistance naturelle

La germination est déclenchée par l'imbibition du grain et par le développement de la radicule puis des racines séminales secondaires qui apparaissent au niveau du nœud scutellaire. À l'autre extrémité de l'embryon, la gemmule se développe sous forme de coléoptile qui pousse vers le haut et forme un plateau de tallage. À ce niveau se forme une première série de racines adventives, et parfois des tiges secondaires, puis le coléoptile perce le sol et s'ouvre en libérant les premières feuilles. À partir de ce stade, le jeune plant de maïs devient progressivement autotrophe.

En effet, les jeunes plants de maïs accumulent une substance particulière, l'acide hydroxamique, qui crée une résistance naturelle contre toute une série d'ennemis de la plante : insectes, champignons et bactéries pathogènes.

h - Biologie

D'après VERVILLE (2003), le maïs (*Zea mays*) (2n=20), est une plante monoïque cultivée comme une plante annuelle mais qui peut se comporter sous certaines conditions comme une plante bisannuelle. Elle se reproduit par fécondation croisée (allogame) contrairement à la plupart des autres céréales. La fixation du carbone chez le maïs est effectuée par le système photosynthétique en C4. Ce type de photosynthèse confère au maïs une plus grande efficacité pour fixer le CO_2 atmosphérique comparé aux autres céréales majeures.

Selon HARLAN (1987) la différence entre maïs cultivé (*Zea mays L*) et maïs spontané (*Zea mexicana* = téosinte) se situe à plusieurs niveaux mais les plus marquants sont la fragilité de l'épi du maïs spontané et la non fragilité de l'épi de maïs cultivé. Ensuite l'absence de talle chez le maïs cultivé lié à une forte dominance apicale et la présence de nombreuses talles chez le téosinte lié à une absence de dominance apicale.

2.1.5 - Exigences Edapho-climatiques

2.1.5.1 - Sol

ESCLANTE et *al.* (2012) ont qualifié le maïs d'exigeant pour le sol, l'eau et la chaleur. Il aime les sols profonds, meubles, frais, assez légers, bien drainés, fertiles et riches en matière organique. Il n'est pas adapté aux sols acides, salés et gorgés d'eau. Il préfère les sols à texture intermédiaire: sablonneux, sablo-argileux à argilo-sableux. Au contraire, il n'aime pas les terres trop tassées et les terres creuses, les sols trop argileux ou trop sableux et les sols pauvres en matière organique (moins de 1 %). Il répond bien sur un sol à structure continue, sans zone de discontinuité et sans semelle. Le manque d'eau à la formation des épis (floraison) est catastrophique pour le rendement. S'assurer que le semis et la floraison se fassent en saison pluvieuse.

2.1.5.2 - Climat

Le maïs aime les climats chauds, c'est pourquoi on le qualifie de plante tropicale. En Suisse, il est cultivé sur le plateau jusqu'à 750m environ. Le maïs est un grand consommateur d'eau. Il consomme la moitié de l'eau dont il a besoin pour sa croissance durant la période allant de trois semaines avant l'apparition de l'inflorescence mâle et à trois semaines après la formation du même organe. Un manque d'eau en ce moment se traduit par une chute de rendement (AAN, 2007).

a - Exigence en eau

Selon SILAYE (2010) le maïs est exigeant en eau puisque les précipitations doivent atteindre 600 mm pendant sa période de croissance.

On estime qu'il faut une moyenne mensuelle de 1000 mm d'eau durant toute la période de sa végétation ; le maïs est une plante exigeante en eau, surtout en phases de : germination, croissance, floraison, fécondation et grossissement des grains. Mais la période la plus critique pour l'eau s'étend sur les 15 jours qui précèdent et les 15 jours qui suivent l'apparition des inflorescences mâles (VERVILLE., 2003).

b - Besoins en chaleur à la germination

Selon VERVILLE (2003) le maïs a besoin d'une température minimale de 10°C pour sa germination. Au cours de sa végétation, le maïs a besoin d'une température minimale de 19°C.

2.1.6 – Exigence nutritionnelle

MOKRY (2017) rapporte que la hausse de prix des engrais azotés fait que la fertilisation de la culture de maïs doit être mieux ajustée aujourd'hui. Pour ce faire, plusieurs éléments doivent être pris en compte, notamment le niveau de rendement des parcelles en fonction du type de sol, du pH, de la date de semis, de la fertilité naturelle, de l'exigence de la culture. En tenant compte de ces paramètres dans les outils de calcul de fertilisation, de réelles économies seront faites dans de nombreuses exploitations. Nous avons deux types de fumures ;

- Fumure organique

Selon CAMARA (2017), le maïs exige un apport de 20 à 30 T de fumier de bovin incorporé au sol avant la fin mars ou quelques m^3 de fientes de poules avant le semis;

- Fumure minérale

Pour boucler son cycle, le maïs mobilise approximativement les quantités suivantes de nutriments.

Le besoin en kilogramme et en gramme par hectare du maïs en des éléments nutritifs est indiqué dans le tableau 3.

Tableau 3 : Besoins approximatifs en nutriments que la culture du maïs mobilise durant son cycle (http://www.yara.fr/fertilisation/cultures/mais/les-fondamentaux/besoins-nutritionnels/ 16/06/2017 22 :17).

Nutriment	Kg /ha	Nutriment	g/ha
N	240	Fer (Fe)	1 900
P_2O_5	90	Manganèse (Mn)	340
K_2O	270	Zinc (Zn)	300
SO_3	65	Bore (B)	200
MgO	40	Cuivre (Cu)	100
CaO	60	Molybdène (Mo)	10

2.1.7 - Agrotechnie du maïs

a - Préparation du sol

Selon CAMARA (2017), le maïs exige un labour profond de 20 à 30 cm de profondeur. Si le terrain est pentu, il doit être travaillé perpendiculairement au sens de la pente tout en suivant les courbes de niveau, pour éviter l'érosion du sol. Laisser le plus grand intervalle de temps possible entre le 1er et 2ème labour pour que les débris de végétaux commencent à se décomposer.

b - Semis et végétation

AKANVOU et ses collaborateurs (2007) recommandent de prévoir 20 à 25 kg de semences par hectare. Ensuite, ils ont défini les périodes de semis en fonction des zones de culture comme suit : mi-juin à mi-juillet en zone de savane, avril-mai en zone intermédiaire et mars-avril en zone forestière. Ils ont aussi précisé que le respect des dates de semis permettra à la culture de bénéficier d'une pluviométrie suffisante et d'un ensoleillement abondant pendant la croissance.

Le cycle complet du maïs varie de 90 à 180 jours suivant la variété et les lieux de culture. Le maïs passe par les phases de germination, de croissance, de floraison et de fécondation. (fig.3)

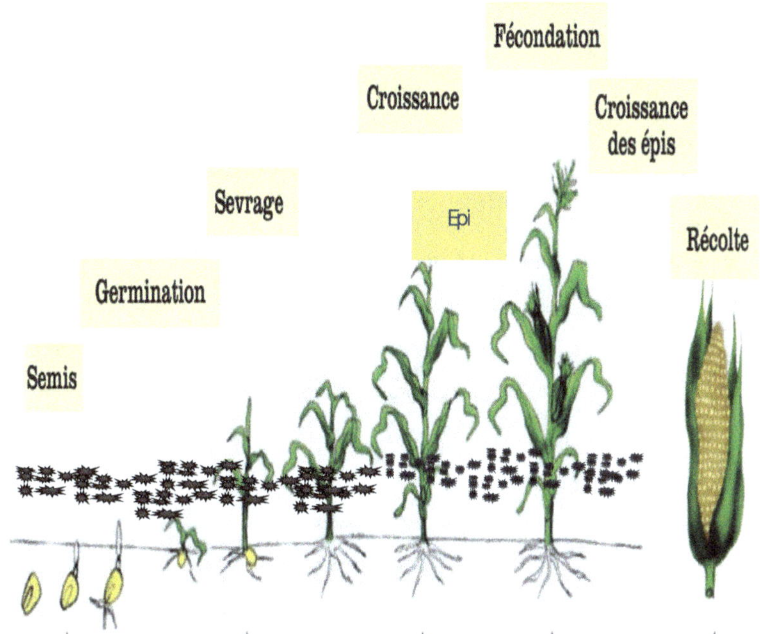

Figure 3 : Cycle complet du maïs AKANVOU et *al* (2007)

c - Période de désherbage et sarclage

D'après AAN (2007) le sarclage du maïs après semis se fait entre 3 semaines et plus selon la prolifération des adventices et est lié aux périodes indiquées ci-dessous :

• 1er sarclage au stade 2-4 feuilles du maïs (avec disques de protection de la ligne).

• 2ème sarclage à 4-6 feuilles avec léger buttage (si nécessaire).

• 3ème sarclage à 8-10 feuilles avec buttage.

d - Récoltes et activités post-récoltes

Le site www.agridea.ch, affirme que le stade de récolte optimal (stade pâteux) est déterminé par l'état de maturité des épis des grains. Il est atteint lorsque la teneur en matière sèche des épis se situe entre 50 et 60%.

Les épis de maïs sont récoltés frais ou secs selon le goût et les utilisations. La récolte des épis secs se fait lorsque les spathes de l'épi ont jauni et que les feuilles sont en voie de dessèchement, les grains de maïs ne doivent plus pouvoir se rayer aux ongles. 60 à 75 jours après le semis pour les variétés précoces et 75 à 85 jours après le semis pour les variétés tardives, les épis sont récoltés frais ou secs.

e - Séchage

Pour faire le séchage du maïs, il faut :

- Ôter les spathes pour permettre un meilleur séchage.

- Sécher les épis de maïs sur des espaces ouverts, cimentés, sur des claies, sur des bâches en plastique, sur des séchoirs ou dans des cribs.

- Orienter les cribs perpendiculairement à la direction du vent pour assurer une dessiccation maximale.

- Sécher jusqu'à ce que les grains atteignent un taux d'humidité de 12 %.

f - Productivité

MCHINDA (2015) a affirmé que le rendement moyen du maïs avec l'apport du compost varie de 2,6 à 3,83 t/ha, selon la FAO (2012) le rendement du maïs peut osciller entre 4,5 et 6 t/ha. D'après HONFOGA (2007) au Togo, le témoin sans engrais ou avec la seule restitution des résidus de récolte a donné 1,5 - 2t de maïs/ha contre 1,3-3,3 kg/ha pour les engrais, 3,3-3,9 t/ha pour engrais + amendements minéraux et 4-4,3t/ha pour engrais + amendements minéraux et organiques

g - Conservation

Selon GUEYE et ses collaborateurs (2012) deux modes de stockage existent à savoir : en épis et en grains, ayant la même typologie.

Parmi les types de stockage les plus répandus, le stockage en épis de maïs, se garde principalement sur les claies (86 %) et dans les greniers (64 %) ainsi que les grains conservés dans des sacs et fûts et le moyen de conservation en dépend. Les épis sont conservés soit sur corde attachée sur la charpente d'une maison soit dans les greniers ou hangars. Les grains secs sont conservés dans des sacs en jute ou en coton et stockés dans un endroit sec et aéré. La teneur en eau des semences doit être supérieure ou égale à 13%. Les sacs ne doivent pas être déposés directement sur le sol mais plutôt sur des palettes ou des planches. Ils ne doivent pas non plus être en contact avec les mûrs pour éviter l'humidité dans le stock. Pour ceux qui doivent servir de semences, ils sont enlevés sur la partie centrale de bons épis, indemnes de maladies. Les semences sont régulièrement traitées par l'application d'Actellic super avec une dose de 50 g/100 kg de grains. Le traitement est renouvelé tous les 3 mois. Les épis sont déposés sur des étagères installées dans un magasin bien aéré.

En Guinée, les dommages causés après la récolte sont très importants, car les moyens appropriés pour le stockage font défaut. Les épis entreposés, souvent mal conditionnés, ne bénéficient d'aucun traitement phytosanitaire. Les entrepôts sont mal aérés et constituent des foyers de prolifération des insectes

2.1.8 - Rotation et assolement

KANE (1983), affirme que lorsque les tiges de maïs sont hautes, qu'il est difficile de l'associer avec des légumineuses, car celles-ci manqueront de lumière. Ensuite une fois que l'on sème le maïs très tôt avant une plante qui est associable, celle-ci ne se développera pas bien sous l'effet d'ombre crée par sa végétation. Comme les besoins en azote du maïs sont élevés, l'idéal est de le placer derrière une légumineuse ou un engrais vert.

2.1.9 - Maladies et ennemis

2.1.9.1 - Maladies

PIERRE (2005) rapporte que les problèmes majeurs de production du maïs auxquels la recherche et les producteurs ont à faire face dans la région des terres tropicales d'altitude d'Afrique sont de plusieurs ordres. Les maladies et les ravageurs causent le plus de dégâts à la culture dans les régions de cultures. Les maladies les plus fréquentes du maïs sont l'helminthosporiose, le charbon, la maladie des bandes striées (maïze streak virus) et la rouille.

2.1.9.2 - Ennemis

Selon ORTEGA (2008) les facteurs limitant la production du maïs sont également variés, notamment les insectes et les ravageurs apparentés comme les acariens. Partout ces ravageurs envahissent la culture de maïs à tous les stades de son développement. Lorsqu'il est conservé au magasin, ils s'attaquent à toutes les parties en provoquant souvent d'importants dégâts.

2.1.10 - Utilisation

Selon ESCLANTE et *al.* (2012) le maïs est une céréale cultivée dans diverses zones agroécologiques, seul ou en association avec la plupart des cultures. Dans plusieurs pays, le maïs constitue l'aliment de base de nombreuses populations. Dans l'alimentation humaine, le grain de maïs est utilisé sous plusieurs formes (cuit, grillé, en salade, en soupe). On peut aussi le transformer pour obtenir une gamme variée de produits comme des farines et semoules de maïs. Il intervient également dans l'alimentation animale (volailles, porcs, bovins) en grains, en provenderie ou comme fourrage. Il sert aussi de matière première dans certaines industries (agroalimentaire, textile, pharmaceutique.), pour la création de plastiques biodégradables, de biocarburants et même de l'alcool.

SYLVIER (2008) rapporte que l'éthanol produit à partir des grains de maïs s'élève à plus de 30,5 milliards de litres d'éthanol par an aux Etats-Unis, ce qui correspond à près de 6 % de la demande intérieure totale d'essence des États-Unis (530 milliards de litres par an). D'après https://www.passeportsante.net/fr/Nutrition/EncyclopedieAliments/Fiche.aspx?doc=mais_nu le maïs est un aliment normal et équilibré, les nutriments les plus importants dans le maïs sont : Phosphore, Magnésium, Fer, Zinc, Manganèse, Cuivre, Vitamine B1, Vitamine B2, Vitamine B3, Vitamine C. En plus l'huile de maïs entraîne une diminution du cholestérol LDL sanguin (« mauvais » cholestérol).

Selon http://www.fao.org/3/X5158F/x5158f18.htm le maïs en Guinée est utilisé sous plusieurs formes. Vert, il est consommé grillé ou bouilli. Le grain de maïs transformé en farine donne plusieurs recettes : tô, latchiri, bouillie. L'importance de ces produits est variable d'une région à l'autre. Le maïs jaune corné ou denté est le plus demandé par les consommateurs. Il continue encore en citant les différents systèmes de culture de maïs notamment : les cultures dans les tapades, en plein champ, en bas-fond, associées et celles irriguées. En Guinée les différentes formes de consommation du maïs sont indiquées dans le tableau 4

Tableau 4 : Importance des produits du maïs suivant les régions

Produits	Basse Guinée	Moyenne Guinée	Haute Guinée	Guinée forestière
Maïs grillé	+++	+	++	+++
Maïs bouilli	+++	++	+++	+++
Boule de maïs	+	+++	++	
N'dapa	+	+++	+	
Tô	+	+++	+++	++
N'bhadju (ou maïs gras)	+++	+		
Gâteau	+++	+++	++	++
Bouillie	+++	+++	+++	++
Pain de pâte	+	+	+	
Latyri	++	+++	++	+

+ + +   grande importance

+ +   importance moyenne

+   faible importance

Cette diversité de la transformation du maïs a fait que la production du maïs grain s'est améliorée ces dernières années.'

Selon le site http://agreste.agriculture.gouv.fr (2016), les principaux producteurs sont les États-Unis et la Chine, qui représentent près de 60% du total avec 500 millions de tonnes.

2.1.11 - Production du maïs en Guinée

En 2014 la Guinée s'est classée au niveau mondial 71/163 (voir tableau 5).

Tableau 5 : Statistique de production du maïs en Guinée de 2005 à 2014 (https://fr.actualitix.com/pays/gin/guinee-mais-production.php)

Données (Tonnes)	Année	Evolution
652000	2014	≃ -20 000
672000	2013	≃ 31 000
641000	2012	≃ 30 000
611000	2011	≃ 30 900
580100	2010	≃ -20 000
565667	2009	14433
522695	2008	- 72765
595460	2007	48695
546765	2006	44714
502051	2005	

2.2 - Caractéristiques du haricot

2.2.1 - Description

D'après RAZANADRAKOTO (2005), le haricot est un fruit d'une plante originaire d'Amérique centrale et d'Amérique du Sud. Le mot « haricot » désigne à la fois le fruit, la graine, la plante qui les produit. Il y a environ 7 000 ans, le haricot était cultivé par les tribus indiennes ainsi qu'au Pérou. Graduellement, la plante s'est répandue à travers l'Amérique au fil des migrations des Indiens, de sorte que par la suite les explorateurs espagnols du XVIème siècle retrouvèrent cette plante dans toute l'Amérique latine, et les colons anglais la retrouvèrent sur la côte américaine au XVIIème siècle.

Les haricots et leur culture se sont répandus en Afrique, en Asie et en Europe au début du XVIIème siècle grâce aux explorateurs espagnols et portugais. En Europe, cette plante fut d'abord cultivée pour ses graines, le haricot frais ne fut consommé qu'à partir de la fin du XIXème siècle en Italie.

Actuellement, il existe plus de 100 espèces de haricots de forme, de couleur, de saveur et de valeur nutritive diverses.

Les gousses de la plupart des variétés peuvent être consommées fraîches, avant leur maturité, comme les haricots beurre verts ou jaunes. A maturité, les gousses ne sont plus comestibles ; on les écosse et les graines peuvent être utilisées fraîches ou séchées, et toujours cuites ; ce sont celles qu'on nomme légumineuses. Le haricot frais provient généralement d'espèces naines cultivées dans toutes les régions du monde, notamment en Chine, en Turquie, en Espagne, en Italie, en France, en Egypte, aux Etats-Unis, en Roumanie et au Japon.

2.2.2 - Systématique

Selon le RAZANADRAKOTO (2005), le haricot ou *Phaseolus vulgaris L* a été identifié par Linné en 1753. Sa systématique est présentée comme suit :

Règne : Planta ;

- Sous règne : Tracheobionta ;
- Division : Magnoliophyta ;
- Classe : Magnoliopsida ;
- Sous classe : Rosidae ;
- Ordre : Fabales ;
- Famille : Fabaceae ;
- Sous famille : Faboideae ;
- Tribu : Phaseoleae ;
- Sous-tribu : Phaseolinae ;

- Genre : Phaseolus ;

- Section : Phaseolus.

Nom binominal : *Phaseolus vulgaris L., 1753*

2.2.3 - Caractéristiques botaniques

a. Racines

Dans la première phase de son développement, le système racinaire initial du haricot se forme à partir de la radicule de l'embryon qui devient la racine primaire. Les racines secondaires prennent naissance sur la racine primaire. Ensuite, les racines secondaires et quaternaires apparaissent.

Sur les parties jeunes des racines, juste après les zones d'élongation, existent des poils absorbants qui assurent l'absorption de l'eau et des éléments nutritifs.

En général, le système racinaire du haricot est superficiel puisque la plus grande partie du volume racinaire ne dépassant pas 25 cm de profondeur.

Comme toutes les plantes appartenant à la famille des légumineuses, le haricot possède des nodules répartis sur les racines latérales de la partie supérieure et moyenne du système racinaire. Ces nodules ont une forme polyédrique et un diamètre de 1 à 5mm.

Ils sont colonisés par des bactéries du genre Rhizobium qui, en symbiose avec le haricot, fixent l'azote atmosphérique et le mettent à la disposition de la plante (GRAHAM, 1980).

b. Tige

(RAZANADRAKOTO, 2005) rapporte que la tige constitue l'axe central de la plante. Elle est formée par une succession de nœuds et d'entre nœuds. Un nœud est le point d'insertion d'une feuille sur la tige. Les bourgeons axillaires prennent naissance au niveau des nœuds. Ensuite, ils évoluent en rameaux latéraux et/ou en inflorescences.

L'auteur poursuit en disant que la tige est herbacée et son diamètre est, en général, supérieur à celui des rameaux. La tige commence à l'insertion des racines. Elle peut être droite, semi - rampante ou rampante selon l'habitude de croissance.

Néanmoins, la tige tend à être verticale si le haricot pousse ou non avec tuteur. Pour les variétés naines, l'arrêt de la croissance de la tige est marqué par une inflorescence développée. La hauteur de la tige varie entre 30 et 50 cm selon les variétés.

Chez les plantes d'habitude de croissance indéterminée, la tige est terminée par un rameau qui continue de croître même au cours de la phase reproductive. A partir de la première feuille trifoliolée, la tige développe sa capacité de double torsion : torsion principale autour d'elle même et torsion secondaire autour du tuteur, qui lui confère son aptitude à grimper. L'enroulement de la tige sur le tuteur s'effectue toujours de la gauche vers la droite. La tige porte des rameaux latéraux très peu développés, sauf quelques-uns des nœuds inférieurs, à cause de la dominance apicale. Elle peut comporter 20 à 30 nœuds et avec un tuteur, peut atteindre plus de 2 m de hauteur.

c. Feuille

Les feuilles s'insèrent au niveau des nœuds de la tige et des rameaux. Le haricot possède deux types de feuilles :

- **les feuilles simples :** ce sont des feuilles primaires qui apparaissent juste après les cotylédons et au deuxième nœud de la tige. Elles sont opposées, simples et unifoliées ;
- **les feuilles composées :** ce sont les feuilles trifoliées typiques du haricot. La foliole centrale est symétrique tandis que les deux autres sont asymétriques (RAZANADRAKOTO (2005),

d. Inflorescences et fleurs

Les fleurs sont groupées en grappe de 5 à 15 cm ; on compte 10 à 15 grappes par plant pour les variétés naines. Les fleurs comprennent 5 pétales : l'étendard, 2 ailes, la carène formée de deux pétales soudés, recourbés en spirale ce qui entraine la carène et entourant le pistil et les étamines ne sont pas toujours complètement soudés, ce qui facilite la fécondation croisée qui peut varier. La fécondation s'effectue surtout la nuit, l'autogamie étant assez stricte, la variété s'identifie à la lignée pure, il y a donc une stabilité variétale naturelle. Les fleurs sont de couleurs variées : blanche, crème, rose, violette et même bicolore. L'ovaire renferme 4 à 8 ovules et il préfigure déjà la gousse (RAZANADRAKOTO, 2005).

e. Fruit

D'après RAZANADRAKOTO (2005), le fruit des légumineuses est une gousse à deux valves assemblées par deux sutures. Les gousses du haricot sont allongées et terminées par une pointe. Elles sont partiellement ou totalement glabres avec de tout petits poils. L'épiderme est parfois cireux. Leur teinte peut être uniforme ou rayé : les jeunes gousses sont vertes mais leur couleur se modifie en cours de maturation. La teinte dépend aussi de la variété.

RAZANADRAKOTO (2005) informe que les gousses mesurent 8 à 25 cm de long et renferment en moyenne 4 à 8 graines. Sur les cosses de la gousse, des faisceaux libéro-ligneux entourent les deux sutures. Si elles sont développées, on les appelle « fils », les gousses sont alors impropres à la consommation en vert. Les variétés parcheminées sont cultivées exclusivement pour la récolte en sec. Si les gousses sont charnues et non fibreuses, on peut alors les consommer en légumes verts en « filets fins » ou « mange tout ».

f. Graine

Les graines de très nombreuses variétés de haricot commun offrent un nombre considérable de formes passant souvent si insensiblement des unes aux autres qu'il est fort difficile de les grouper d'une façon irréprochable autour d'un certain nombre de types. Les deux formes de graines, réellement bien distinctes, sont les haricots réniformes ou en rognons et les grains ronds ou ovoïdes. Elles peuvent avoir plusieurs formes : cylindrique, elliptique, réniforme, sphérique ou autres. La couleur de la graine ainsi que sa forme et son éclat sont très variées.

Elles ont une couleur présentant 5 dominantes : noire, violette, rouge, marron, blanche, unies, panachées ou en arc de cercle. La faculté germinative dure de 3 à 5 ans et on compte entre 1400 et 6000 graines au kg (DENAIFFE.A 2012).

2.2.4 - Exigences édapho-climatiques

2.2.4.1 - Sol :

Le haricot préfère les sols légers, profonds et sains. Les terres lourdes sont à éviter ainsi que les fonds à humidité stagnante à moins de semer sur billons. Il s'accommode aux sols légèrement acides, ayant un pH variant de 6 à 6,8 mais son développement reste correct jusqu'à pH de 4,7.

Il réagit bien aux engrais organiques ; sous l'influence du fumier, la récolte en graines augmente de 50 à 100% Cependant, il supporte mal les fumiers non décomposés (GRAHAM, 1980).

2.2.4.2 - Climat

a- Lumière

JACOBSON, (2010) dit que c'est une plante qui a besoin de lumière mais cultivée à l'ombre, elle croît beaucoup et produit peu c'est à dire, elle met beaucoup de temps à produire des organes végétatifs ;

b- Température

La croissance n'est rapide qu'au-dessus de 12 à 13°C pour les variétés naines et 14 à 15°C pour les variétés à rames. Le zéro de végétation est aux environs de 10°C. Le haricot supporte les températures élevées s'il est suffisamment humide. Le gel détruit la culture. (RAZANADRAKOTO, 2005).

c - Besoins en chaleur de germination

Chaleur, humidité, oxygénation et exposition à la lumière sont les maîtres mots d'une germination efficace. Selon les variétés de graines, les valeurs varient quelque peu. Il est essentiel de consulter la notice des graines que vous ferez germer pour votre alimentation crue si c'est l'objectif car les conditions et temps de pousse ne sont pas identiques selon que vous choisissiez des lentilles.

Par ailleurs, il faut maintenir une température suffisante car le froid ralentit ou peut même stopper l'activité de la graine. La vitesse de germination étant fonction de la température, il faut maintenir les graines en intérieur à température ambiante ou proche d'une source de chaleur pour une croissance rapide. Selon le type de graine la température optimale est variable (le blé germe à 5°C alors que le haricot est frileux, il ne germe pas en dessous de 15°C). (https://www.natura-sense.com/quelles-sont-les-conditions-de-germination.html

d - Eau

La culture du haricot a besoin de 300 à 400 mm d'eau, régulièrement répartie, avec une période critique en début de floraison. La sécheresse provoque le flétrissement et la couleur des fleurs alors que l'humidité excessive favorise le développement des maladies cryptogamiques comme l'anthracnose et peut déclencher des chloroses en début du cycle (JACOBSON, 2010).

Les mesures d'évapotranspiration maximale du haricot vert révèlent que le rythme de consommation en eau (faculté de transpiration) est fonction des phases de développement de la culture. Dans les conditions d'évapotranspiration réelle, le rapport de consommation de la culture reste voisin de l'unité eu égard à la consommation jusqu'à ce que le sol accuse un déficit hydrique réel d'environ 60 mm sur un sol de texture limono-argileuse (https://www.asjp.cerist.dz/en/article/9664)

e - Vent

Les vents violents au moment de la floraison provoquent la coulure des fleurs et compromettent la production.

2.2.5 - Exigence nutritionnelle

GRAHAM, (1980), affirme que les analyses de sol permettent d'adapter la fertilisation des cultures. Les apports d'engrais sont raisonnés en fonction des besoins de la culture et des teneurs en éléments fertilisants déjà disponibles dans le sol. Les apports d'amendement organique type compost ou fumier frais ne sont pas conseillés avant une culture de haricot car les plants de haricots craignent le contact avec la matière organique fraîche en décomposition (brûlure racinaire, augmentation du risque de maladies, Rhizoctonie, Sclerotinia)

- **Azote**

Le haricot n'est pas une culture très exigeante en azote car c'est une légumineuse capable de fixer l'azote de l'air au niveau de ses racines. Cependant le sol devra être suffisamment pourvu pour assurer un bon démarrage et un développement satisfaisant de la culture. L'excès d'azote favorise les maladies comme le botrytis ou la rouille. Il peut aussi entraîner la coulure des fleurs ou être défavorable à la nouaison (INRAN, 2012).

- **Potasse**

L'INRAN (2012), affirme que les besoins en potasse sont élevés. Les teneurs en potasse recommandées sont 120 -150kg/ha.

- **Sensibilité au chlore**

La culture est sensible aux excès de chlore surtout pendant la phase de germination. Les engrais sous forme chlorée sont à éviter.

- **Fumure de fond**

La fumure de fond moyenne conseillée pour une culture de haricot est, N : 50 à 60kg/ha, P_2O_5 : 40 à 60 kg/ha ; K_2O : 120 à 150 kg/ha ; MgO : 50kg/ha. La fumure doit être adaptée aux teneurs en azote présentes dans le sol. (INRAN, 2012).

- Fertilisation en cours de culture

Des apports en cours de culture pour une culture longue peuvent être nécessaires au stade gousses en cours de grossissement ou si les plantes ont une faible vigueur, les apports seront alors en moyennes de : N: 5 à 10 kg/ha/semaine ; P_2O_5 : 7kg/ha /semaine ; K_2O : 20kg/ha /Semaine ; MgO : 1kg/ha/Semaine (INRAN, 2012).

2.2.6 - Agrotehnie du haricot

a. Préparation du sol

Les étapes suivantes sont nécessaires :

-Nettoyage du terrain à cultiver ;

- Labour à 20 cm de profondeur ;

- Epandage du fumier ou du compost bien décomposé à raison de 150 à 200kg/are, si possible un mois avant le semis, ou encore 40kg de poudrette de parc par trou de plantation. Le haricot préfère l'effet tardif du fumier appliqué à la culture précédente (https://www.asjp.cerist.dz/en/article/9664).

b. Semis et végétation

Selon http://www.agri.com.br/apdc le haricot qu'il soit à filet, mangetout, à grain, nain ou à rame a besoin, pour germer et pousser correctement, de chaleur. Selon les dates de semis et les types de haricots, les récoltes s'échelonnent tout l'été.

Le haricot à rame, cultivé exclusivement en cultures maraîchère, est semé avec un écartement de 40x40cm à raison de 2-3 graines par poquet.

Le tuteurage est nécessaire quand les plantes ont 15 à 20 cm de hauteur, surtout avant la floraison car les fleurs sont fragiles. Pour le haricot nain, en culture à plat et en sol normal, le semis en lignes (espacées de 30 à 40 cm en raison de 25 à 30 graines par mètre carré), est suivi de la germination, le développement de l'appareil végétatif (racines, tiges et feuilles), sa croissance, la floraison, la pollinisation et la fructification, (voir Figure 4).

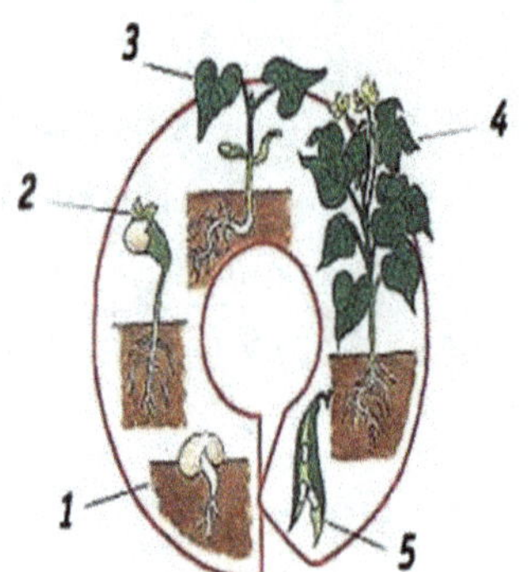

Figure : 4 Le cycle végétatif du haricot

c. Entretien et physiologie

Ressemer les parties non levées au bout de 10 jours, ensuite faire un sarclage suivi d'un buttage lorsque les plants ont 4 feuilles pour faciliter l'enracinement, ralentir l'érosion et lutter contre la mouche du haricot. Les irrigations ne sont pas conseillées sauf en cas d'urgence. Il ne faut pas arroser au moment de la floraison pour éviter les coulures. On peut cultiver le haricot sur un même terrain, tous les deux ans car c'est une plante qui accepte facilement l'assolement. Toutefois, les risques des maladies ne sont pas négligeables (BANNEROT, et *al* 2003).

La levée a lieu entre 4 à 8 jours pour des températures comprises entre 12 et 35°C. Les feuilles trifoliées apparaissent 6 jours après la levée. La floraison débute 3 semaines à 1 mois après le semis, elle s'étale sur 30 à 45 jours, la jeune gousse met une douzaine de jours pour atteindre sa taille définitive. Les graines se forment en 15 à 20 jours, il faut attendre encore un mois pour qu'elles arrivent à maturité complète (http://www.agri.com.br/apdc/).

d. Espèces et variétés

Selon le site http://www.agri.com.br/apdc il existe plus de 100 espèces de haricots qui se différencient par la forme, la couleur, la saveur et la valeur nutritive. Selon la couleur des grains nous avons :

-   Le haricot rouge qui est un haricot de taille moyenne, d'une couleur allant du rose au rouge foncé. Il a une texture onctueuse et un goût prononcé. En conserve, il garde sa forme et sa texture. Il est produit en Amérique du Nord, Chine, Argentine et à Madagascar.

-   Le haricot Pinto ou rosé, qui est un haricot apparenté aux haricots rouges car sa peau devient rose en cuisant. Il est veiné et a une texture farineuse. Temps de cuisson, 45 minutes à 1 heure.

-   Le haricot noir qui est un haricot de taille moyenne, de couleur noire, ovale et à la saveur douce. C'est le plus consommé en Amérique du Nord et en Amérique du Sud. Au Mexique il est utilisé dans les plats, dans les soupes et dans les salades.

- Le haricot marbré ou coco rose, qui est un haricot veiné de rouge foncé. Il est surtout produit en Italie, Amérique du Nord et du Sud. Le haricot romain ou romano, se distingue parce qu'il est maculé de taches rouges et que sa cosse est également tachetée de la même façon. Sa saveur est douce. Temps de cuisson, 40 minutes.

- Le haricot blanc, au goût peu prononcé, qui est le haricot le plus cultivé en Europe. Il comporte plusieurs espèces. C'est un haricot très populaire en Italie, précisément en Toscane. Temps de cuisson, 40 minutes. Le coco blanc, haricot blanc de forme ovale, est très apprécié en Angleterre sur des toasts avec de la sauce tomate. Le rognon de Pont l'Abbé est une des variétés protégées par des passionnés.

Le flageolet, ou chevrier, du nom du jardinier qui a créé la variété, est un petit haricot mince et aplati, de couleur vert-pâle à la saveur subtile, accompagnant traditionnellement le gigot d'agneau. Il est surtout cultivé dans sa région d'origine, la Beauce, ainsi qu'en Bretagne et dans le Nord. Il se vend surtout en conserve ou en grains secs

e - Récolte

Selon GUILLAUME (2010), la récolte se fait, suivant les variétés, deux mois et demi à trois mois après le semis pour la récolte en grains secs, à partir de 40 jours pour la récolte en gousses immatures. Pour la récolte en grains secs, il convient d'attendre que les gousses aient jauni mais ne soient pas complètement sèches, pour éviter leur déhiscence. Le taux d'humidité des graines idéal au moment de la récolte se situe à 15-16 %, alors qu'il s'élève à 50 % à leur maturité physiologique. Traditionnellement, les plants de haricots grains sont arrachés, liés et mis à sécher suspendus sous un hangar avant d'être écossés. Le battage s'effectuait à la gaule en frêne et au fléau puis au rouleau en pierre. Ce battage était suivi d'un vannage pour éliminer les impuretés. Vers 1950 sont apparues les batteuses mécaniques. Depuis les années 1970, la récolte en gousse des haricots mangetout a également été mécanisée grâce à la mise au point de « récolteuses de haricots mangetout » tractées (latérales) ou automotrices (frontales). Ces machines se composent d'un peigne rotatif ou d'un tambour cueilleur qui travaille de bas en haut. Les parties recueillies sont envoyés dans un système de nettoyage qui sépare les gousses des feuilles et autres déchets. Chez les Amérindiens, il était traditionnellement cultivé en compagnie du maïs et de la courge (on nomme cette association les Trois sœurs, le premier servant du tuteur au haricot et la courge de couvre-sol, tandis que les nodosités des racines du haricot fixent l'azote de l'air, faisant profiter les trois plantes de cette fertilisation). Le haricot est également réputé être répulsif pour le doryphore.

f - Productivité

Les rendements sont actuellement de 2,5 à 3 tonnes/ha en Poitou-Charentes. Ils sont donnés de 2,68 à 3,88 tonne/ha en 90 à 108 jours par le comité des légumineuses à grain (Canada). Pour les haricots secs, le rendement moyen au niveau mondial s'établit de 7,4q/ha à 15q/ha en Europe et à 1t/ha en Amérique, mais il peut monter à 50q/ha pour des haricots grimpants dans les meilleures conditions. Pour les haricots verts les rendements dans des conditions optimums peuvent atteindre 7 à 8t/ha pour les variétés naines et 14 à 16 t/ha pour les variétés à rames.

Selon FAO, (2006) le rendement du haricot varie :

-En station : 1,5 – 2,2 t/ha ;

-En milieu réel : 0,7 – 1,2 t/ha.

Selon la Fiche technique, guide pratique de la culture de haricot en Moyenne Guinée le rendement varie de 1-2kg/ha

g - Conservation

Qu'il soit sec ou frais, le haricot blanc n'aura pas la même durée de conservation. Frais, il pourra se garder 2 à 3 jours dans le bac à légumes du réfrigérateur. Sec, le haricot blanc pourra se conserver plusieurs mois dans une boîte hermétique, à l'abri du soleil et de l'humidité (https://www.rustica.fr/articles-jardin/conserver-haricots-secs

2.2.7- Maladies et ennemis

D'après l'INRA en 2006, les cultures de haricots sont sujettes à de nombreuses attaques de ravageurs et maladies qui peuvent entraîner d'importants dégâts en l'absence de moyens de lutte appropriés. On estime ainsi qu'en Afrique tropicale plus de 50 % de la production est perdue chaque année.

MEERS en 2007 affirme que de très nombreux ravageurs sont susceptibles de s'attaquer aux cultures de haricot ainsi qu'aux graines entreposées, notamment des gastéropodes, des insectes, acariens et nématodes.

D'après l'INRA (2006) nombreuses maladies cryptogamiques, bactériennes ou virales sont susceptibles d'affecter les cultures de haricot. Ensuite l'anthracnose du haricot, due à un champignon filamenteux, (*Colletotrichum lindemuthianum*) provoque des nécroses, sous forme de taches noires sur les feuilles, qui peuvent s'étendre sur les tiges et les gousses. Des variétés résistantes ont été sélectionnées. La graisse du haricot, due à des bactéries dont *Pseudomonas syringae* phaseolicola et *Xanthomonas campestris*, se traduit par l'apparition de taches huileuses de couleur jaune- orangé sur les feuilles, gousses et graines.

La prévention passe par l'utilisation de semences saines. La fonte des semis est imputable à divers champignons.

La mosaïque commune du haricot, due à un virus, est transmise par les semences et par les pucerons. Elle provoque l'apparition sur les feuilles de cloques, plus ou moins décolorées, présentant un aspect de mosaïque, et l'enroulement de l'extrémité des folioles. La lutte passe par le choix de variétés résistantes. La mosaïque jaune du haricot, autre maladie virale, est moins fréquente que la précédente. La mosaïque dorée du haricot est propre à l'Amérique tropicale.

La lutte contre les ravageurs et maladies repose sur la combinaison de différentes méthodes : l'emploi de variétés résistantes et de semences saines, indemnes de germes pathogènes, traitées par des fongicides, la vernalisation (passage par une période de congélation ou froid constant), la rotation culturale qui permet d'éviter le retour trop rapide de haricots ou d'autres légumineuses sur la même parcelle, une irrigation maîtrisée et sans excès, l'utilisation d'auxiliaires de cultures contre les acariens, ou l'emploi de fongicides et d'insecticides adaptés.((INRAP, 2006).

2.2.8 - Utilisation

Les haricots apportent des protéines, des glucides et des fibres alimentaires, ainsi que des sels minéraux, ils contiennent très peu de lipides. Les haricots contiennent des oligosaccharides (raffinose, stachyose). Ces derniers, et notamment le stachyose, mal digérés dans l'intestin grêle, sont décomposés par la flore bactérienne du gros intestin et sont la cause de flatulences associées à la consommation de haricots (GOUST, 2003). Dans la Physiologie du goût, il note qu'il considère, comme tous les féculents, comme l'une des causes de l'obésité (ce qui n'a pas de justification scientifique à l'heure actuelle).

L'inconfort digestif peut être diminué par l'utilisation d'enzymes spécifiques, le trempage préalable des graines, une incorporation graduée dans l'alimentation, et d'autres pratiques alimentaires. Comme ils sont riches en glucides complexes, les haricots secs se digèrent lentement et sont considérés comme des sucres lents. Les haricots contiennent un certain nombre de composés antinutritionnels : les plus importants sont les phytates, saponines, lectines qui rendent leur digestion difficile. Les graines de haricots secs blancs contiennent aussi de la phaséolamine, qui est un inhibiteur de l'alpha-amylase, enzyme qui permet la transformation de l'amidon en sucre dans l'intestin. Cette protéine est efficace en tant que complément alimentaire destiné à lutter contre l'excès de poids. Consommés avant cuisson, les graines et le péricarpe du haricot (*Phaseolus vulgaris L.*) peuvent provoquer des troubles digestifs (vomissements, diarrhées et altérations de la muqueuse intestinale). Cela est dû à la présence d'une protéine agglutinant les globules rouges : la phase qui est inactivée par la cuisson. Comme d'autres légumineuses, les haricots contiennent également des phytoestrogènes. Beaucoup moins chers que la viande, riches en protéines, les haricots sont parfois considérés comme la « viande du pauvre ».

Les protéines des haricots sont intéressantes par leur teneur en certains acides aminés essentiels, notamment la lysine, et dans une moindre mesure la méthionine et le tryptophane. Elles complètent heureusement celles des céréales, en particulier du maïs, pauvres en lysine, dans un régime à base de maïs pratiqué traditionnellement chez les Amérindiens. Les haricots présentent un intérêt dans l'alimentation humaine. Ils sont riches en fibres et en minéraux. Leur indice glycémique est faible. Leur consommation contribue à faire baisser le taux de cholestérol et également à l'abaissement du risque d'accident cardio-vasculaire (ANNONYME.2015).

Aboubacar le 24/06/2017 à 11h33

Chez moi en Guinée-Conakry, à part les vertus diététiques et nutritives de ce haricot, sa richesse en protéines, vitamine B, fibres, glucides complexes, et des minéraux nécessaires à l'organisme, ce type d'haricot, est le plus convoité, plus cher des haricots après le Soja et utilisé dans les différentes cérémonies (Mariage, Baptême, Réunion de séré etc...).

De par son type : légumineuse, à la capacité de fixer l'azote atmosphérique et celui du sol à travers ses nodosités dans lesquelles se trouvent incorporées des bactéries du genre azotobacters qui assurent dès lors pendant sa croissance végétative, son bon développement moins l'apport d'engrais.

Les Valeurs, les qualités nutritives, Importance et consommation du haricot blanc sont disponible sur le lien suivant https://alimentation.ooreka.fr/astuce/voir/372911/haricot-blanc

2.2.8.1 - Valeurs et qualités nutritives du haricot blanc

Le haricot est avant tout une bonne source d'énergie. Ainsi 100 g de haricots blancs bouillis représentent 130 kcal. De plus, il est particulièrement riche en :

- Protéines, à raison de 10 g pour 100 grammes de haricots blancs soit autant que la viande et les poissons.

- Antioxydants qui préviennent le vieillissement prématuré des cellules de l'organisme.
- Phytostérols qui participent à la régulation du « mauvais cholestérol » (LDL).
- Vitamines B1, B2 et E.
- Fibres à fort pouvoir rassasiant et jouant un rôle dans le transit intestinal.
- Minéraux et oligo-éléments tels que le fer, le potassium, le zinc, le manganèse, le cuivre et le folate.
- Le haricot blanc est de la même famille que le haricot rouge, noir

2.2.8.2 - Importance du haricot blanc pour la santé

En tant que légumineuse, la consommation du haricot blanc a des effets bénéfiques sur la santé. Elle diminue ainsi :

- Les risques de diabètes en régulant le taux de sucre dans le sang.
- Les cas de cholestérol en participant à la production du « bon cholestérol ».
- Les apparitions de cancers comme celui du côlon.
- Les risques de maladies cardiovasculaires.
- Les symptômes de digestion difficile : constipation, ballonnements grâce aux fibres qui facilitent le transit intestinal.
- Les carences en fer conduisant à l'anémie.
- Les manques en oligo-éléments et autres minéraux.
  La dégénérescence cellulaire et cognitive notamment grâce aux antioxydants et au magnésium.
- Les risques d'hypoglycémie notamment lors de la pratique sportive intense en raison de leur fort apport énergétique.

Le haricot blanc peut s'avérer difficile à digérer, il est ainsi conseillé de ne pas le donner aux enfants de moins d'un an et demi.

2.2.8.3 - Consommation du haricot blanc

Le haricot blanc est relativement peu onéreux et vendu sec ou demi-sec dans toutes les grandes surfaces. Il peut être consommé :

- Tel quel ;
- En tant qu'accompagnement avec d'autres légumes ;
- Sous forme de purée ;
- En remplacement des poissons ou de la viande, notamment dans le cadre d'un régime végétarien.

NB : Sa consommation est particulièrement conseillée pour les grands sportifs.
Avant toute préparation, le haricot blanc doit être trempé pendant plusieurs heures à une nuit complète dans de l'eau, salée ou non.
Enfin, le haricot blanc est le plus souvent conservé en sachet. Il peut être gardé ainsi dans des bidons.

2.2.9 - Production

La production mondiale de haricots, selon les statistiques publiées par la FAO, s'est élevée à 28,6 millions de tonnes, dont 19,6 de haricots secs (68 %), 6,4 de haricots frais (22 %) et 2,6 de haricots verts (9 %). En 2002, ces chiffres étaient respectivement de 25,7 ; 18,3 ; 5,7 et 1,7 millions de tonnes. Entre 1961 et 2006, la production totale de haricots a doublé passant de 14,4 à 28,6 millions de tonnes, progressant assez régulièrement au taux de 1,5 % par an. Ces chiffres ne sont pas exhaustifs car ils n'englobent pas la production des jardins familiaux et de certaines cultures vivrières pour l'autoconsommation, notamment dans les pays en voie de développement, qui n'entrent pas dans les circuits commerciaux et sont inconnues des statistiques officielles. Il existe par ailleurs une certaine confusion, car dans certains pays sont considérées comme haricots également les graines de certaines espèces de Vigna (niébé, haricot mungo, haricot azuki…). Les chiffres concernant les haricots frais peuvent concerner soit les grains écossés, soit les gousses entières vendues comme telles sur les marchés. Pour les haricots secs, la production mondiale est estimée à 19,6 millions de tonnes en 2006 (FAO). La surface totale consacrée à cette production représentait un peu plus de 26 millions d'hectares pour un rendement moyen de 7,4 quintaux par hectare. Les quinze premiers pays représentent plus de 80 % du total mondial. Les trois premiers, Brésil, Inde et Chine représentent 44 % du total et les six premiers (les précédents plus Birmanie, Mexique et États-Unis) près des deux tiers. En France (2006), la culture du haricot occupait environ 41 000 hectares pour une production de 413 000 tonnes, soit en moyenne 10 t/ha, due principalement aux haricots verts qui représentent les 3/4 des surfaces et 86 % de la production. (Tableau 6)

Tableau 6 : Principaux pays producteurs de haricots secs (FAO, 2006)

N°	Pays	Surface cultivée (milliers d'hectares)	Rendement (q/ha)	Production (milliers de tonnes)
1	Brésil	4016,8	8,6	3 436,5
2	Inde	8600,0	3,7	3 174,0
3	Chine	1204,0	16,7	2 006,5
4	Birmanie	1720,0B	9,9	1 700,0
5	Mexique	1708,3	8,1	1 374,5
6	États-Unis	614,7	17,2	1056,9
7	Kenya	995,4	5,3	531,8
8	Ouganda	849,0	4,9	424,0
9	Canada	180,0	20,7	372,7
10	Indonésie	313,2	10,5	327,4
11	Argentine	235,1	13,7	322,8
12	Tanzanie	380,0	7,6	290,0

13	Rwanda	356,4	7,9	283,4
14	Corée du Sud	360,0	7,8	280,0
15	Burundi	240	9,2	220,0
16	Iran	111,3	19,4	216,1
17	Cameroun	230,0	8,7	200,0
18	Nicaragua	243,0	8,1	197,1

En Guinée, Selon l'Institut de recherche agronomique de Guinée (IRAG), les premières expériences dans la production du haricot vert remontent à 1988 avec l'appui technique et financier du département de la Loire-Atlantique, en France. Une étude de l'Agence américaine pour le se situe autour de 100 tonnes par an dont près de 70 pour cent est exportée, principalement vers le marchéeuropéen. La production du haricot vert obéit à un cycle de croissance court.

D'après (http://ipsinternational.org/fr/_note.asp?idnews=7403).

Pendant un an s'ils sont protégés des insectes comme de l'humidité.

Selon https://www.invest.gov.gn/document/generalites-sur-le-developpement en Guinée les conditions de production et de développement du haricot sont réunies. Cependant, mis à part la consommation locale, les exigences et les contraintes d'exportation de cette filière et la faible demande constituent l'entrave au développement de sa production.

Le Centre de recherche de Foulaya, à Kindia, estime que la Guinée dispose d'un potentiel agro-écologique important favorable au développement de la culture de différents types de haricots demandés sur le marché international. Le centre considère cependant que les quelques 100 tonnes de haricot produites sont encore insuffisantes.

Par conséquent, les différents acteurs impliqués dans la filière du haricot s'attèlent à améliorer les conditions de sa production.

Pour cela, les analyses de l'IRAG estiment que les producteurs guinéens peuvent développer davantage la production du haricot vert pour une grande exportation vers le marché européen.

"Il s'agit pour la Guinée de transformer ces avantages comparatifs en avantages compétitifs pour trouver sa place sur le marché international", souligne le coordinateur scientifique du Centre de recherche de Foulaya à Kindia. (FIN/2013).

2.2.10 - Échanges internationaux

Les échanges de haricots secs portent sur environ 2,5 millions de tonnes soit environ 13 % de la production mondiale. Les principaux pays exportateurs sont la Chine, la Birmanie, les États-Unis, le Canada et l'Argentine. Ces cinq pays ont réalisé en 2005 les trois quarts des exportations totales. Les principaux pays importateurs sont l'Inde, les États-Unis, Cuba, le Japon, le Royaume-Uni et le Brésil. Ces cinq pays ont réalisé en 2005 38 % des importations totales.

Les deux premiers pays producteurs de haricots secs, le Brésil et l'Inde, ne sont pas autosuffisants et figurent parmi les principaux importateurs. Les États-Unis sont à la fois exportateurs et importateurs.

Un phénomène relativement récent est le développement dans certains pays africains de la culture de haricots verts pour l'exportation vers l'Europe. Ce phénomène a concerné d'abord l'Afrique orientale, notamment le Kenya, plus récemment l'Égypte, puis les pays du Sahel et l'Afrique du Nord (Maroc). Cette production trouve place sur le marché grâce à des coûts de production réduits et à la production en contre-saison. Au Kenya les haricots verts d'exportation font vivre plus d'un million de personnes. (FAO, 2006).

2.3 - Sol, de la matière organique et de la biometanisation

2.3.1 - Sol

Le sol est une formation meuble constituée d'un complexe minéral qui résulte de la transformation superficielle des roches sous l'action conjointe des agents météoriques et des êtres vivants.

Le sol est à la fois un corps naturel et historique, chaque zone géographique représentant également la région génétique, c'est-à-dire formé au cours d'un processus historique, qu'il faut étudier du point de vue de la variabilité de la nature dans le temps et dans l'espace. (DIALLO, 1989).

Selon DIALLO (2013), le sol résulte de l'altération de la roche mère et de la transformation de la matière organique : ceci forme la fraction solide du sol. Le sol est aussi constitué d'une fraction liquide et d'une autre gazeuse. Le complexe argilo-humique est composé d'argile chargée négativement. Cette charge négative attire des cations utiles pour la croissance des végétaux (magnésium, potassium, calcium). Le complexe argilo-humique est donc à l'origine de la fertilité et de la stabilité des sols. L'observation du sol d'une forêt de feuillus permet de constater que ce sol est tapissé de feuilles mortes constituant la litière. Cette litière héberge de nombreux êtres vivants. Sous la litière, le sol très brun est riche en humus. L'humus est produit à partir de la décomposition de la litière. Un sol est donc composé de roches et de fragments de roches, d'air et d'eau : ce sont les composantes minérales du sol. Il contient également de l'humus, des restes d'animaux et de végétaux tombés sur le sol après leur mort, des êtres vivants : ce sont ses composantes biologiques.

2.3.1.1 - Fertilité des sols

CIRAD/GRET (2002), affirme que le terme fertilité peut être défini comme la capacité d'un milieu à produire. Il s'agit d'une notion relative, dépendant d'une part des fonctions productives assignées à ce milieu (que souhait-on produire ?)

et, d'autre part des techniques mobilisables pour transformer le milieu et de leur coût de mise en œuvre.

La fertilisation sous des formes diverses, est une préoccupation de tout le temps, liée à la mise en valeur du milieu naturel par l'homme et à son exploitation pour satisfaire certains besoins. De ce fait, les problèmes se posent dans et à travers le processus agricole de production.

D'après DIALLO (2013), la fertilité constitue la propriété fondamentale du sol et conditionne ainsi la vie sur terre. La production végétale est conditionnée par l'ensemble des composantes des fertilités : le climat, le sol et la végétation

2.3.1.2 - Fertilisation des sols en agriculture durable

La fertilisation est un système multidimensionnel où, en dehors de la quantité d'éléments nutritifs assimilables mis à la disposition de la plante, agissent une série de propriétés physiques chimiques et biochimiques du sol, le régime d'eau, la technique culturale qui conduisent tous à l'obtention d'un processus dynamique intégrant les conditions climatiques, les besoins des plantes et les activités de l'homme (DIALLO et *al*, 2013).

Selon **MICROSOFT ENCARTA** (2009), c'est une aptitude à produire des récoltes.

INRAN (2012), montre que l'un des facteurs limitant de la production agricole est l'insuffisance ou la carence des sols en éléments fertilisants. L'utilisation de la matière organique sous forme de compost est l'une des solutions écologiques et durables les plus recommandées. La fertilisation est le processus consistant à apporter à un milieu de culture, tel que le sol, les éléments minéraux nécessaires au développement de la plante. Ces éléments peuvent être les engrais et les amendements. La fertilisation est pratiquée soit en agriculture, jardinage et également en sylviculture. Les objectifs finaux de la fertilisation sont d'obtenir le meilleur rendement possible compte tenu des autres facteurs qui y concourent (qualité du sol, climat, apports en eau, potentiel génétique des cultures, moyens d'exploitation), ainsi que la meilleure qualité, et ce, au moindre coût.

La pratique d'agriculture biologique permettra non seulement à un pays de fertiliser ses sols, optimiser leurs rendements mais aussi obtenir des produits sains et maintenir l'environnement durable (FREDERIC, 2015).

2.3.1.3 - Lois de la fertilisation

Selon DIALLO (2013), ils existent trois lois :

a - Loi du minimum ou des facteurs militants

« Le rendement d'une culture est déterminé par l'élément qui se trouve en plus faible quantité dans les horizons du sol atteints par les racines relativement aux besoins de cette culture ».

b - Loi des excédents moins que proportionnels. Cette loi montre l'existence pour une culture déterminée sur un sol donné :

- d'un rendement maximum théorique ;
- d'un rendement maximum économique, atteint lorsque le supplément de dépense d'engrais n'est plus compensé par le supplément de recette à attendre de l'excédent de récolte,

c - Loi de la restitution : la restitution aux sols des éléments fertilisants exportés par les récoltes est nécessaire, mais non suffisante compte tenu :

- des pertes par lessivage,
- des corrections éventuelles

2.3.1.4 - Caractéristiques principales des sols ferralitiques

Les sols ferralitiques sont des sols rouges très riches en oxydes de fer et en oxydes d'alumine. Ces sols se forment sous couvert forestier et en climat tropical ou équatorial. Ce sont des sols très riches, mais extrêmement fragiles. Dès l'instant où l'on supprime le couvert forestier qui les protège de l'érosion, mais surtout du lessivage, ces sols se transforment rapidement en cuirasses par suite d'une latéritisation. Les oxydes de fer et d'alumine colloïdale précipitent pour former des nodules (alios) qui, s'ils se soudent, forment des cuirasses définitivement stériles (http://www.ecosociosystemes.fr/typologie_sols.html.)

2.3.2 - Matière organique du sol

La matière organique appliquée au sol peut profondément modifier les propriétés hydriques de celui-ci. Mais, dans les conditions de déficit hydrique, son influence sur le régime hydrique reste déterminante pour l'obtention de bonnes récoltes (DIALLO S. B., 2013). Cet auteur poursuit en disant que l'utilisation d'une matière organique de bonne qualité dans un sol conduit en agriculture à l'augmentation :

- de la densité optique de ses fractions mobiles ;
- de la capacité d'absorption et de rétention de l'eau et du sol ;
- des groupements –COOH, -OH, -NH2 ;
- du pouvoir tampon du sol ;
- de la capacité des cultures à résister au flétrissement par la diminution de la stabilité de la liaison entre l'eau et le sol.

Il constate aussi qu'avec l'application de 30 tonnes de fumier à l'hectare, il y a une diminution de l'énergie d'activation liée à la déshydratation de 1,1% sur chernozems et de 0,66% sur solonetz par rapport au témoin

2.3.2.1 - Rôles et fonctions de la matière organique

a - Dans le sol

Dans le sol, les matières organiques assument de nombreuses fonctions agronomiques et environnementales synthétisées dans la figure 5 (DUPARQUE et RIGALLE, 2011)

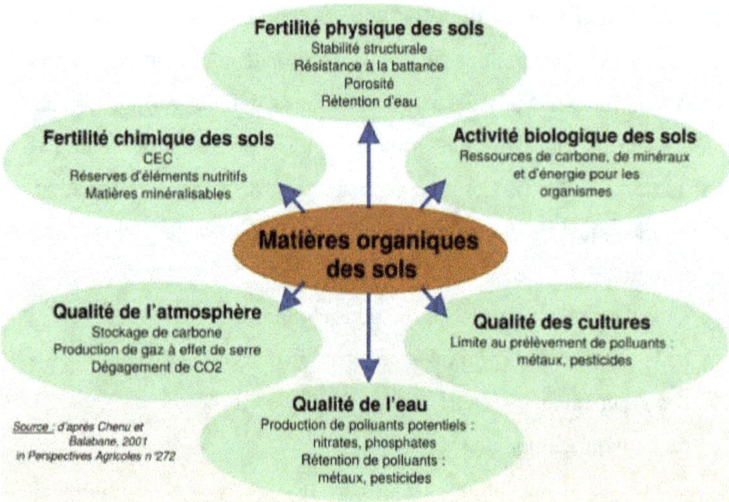

Figure 5 : Rôles et fonctions de la matière organique dans le sol (DUPARQUE et RIGALLE, 2011)

Selon ORLOV (1985), la matière organique appliquée au sol peut profondément modifier les propriétés hydriques de celui-ci. En effet, elle influe sur :

- La formation de la structure du sol ;

- La perméabilité du sol ;

- La hauteur et la vitesse d'ascension capillaire ;

- L'augmentation des charges négatives du complexe adsorbant ;

- Le blocage des points d'absorption des molécules d'eau des complexes absorbants minéraux ;

- Le changement de la solidité des liaisons avec le sol ;

- Le changement du coefficient d'utilisation de l'eau et de la dispersion ;

- L'augmentation de la capacité d'échange cationique ;

- L'optimisation du régime nutritif pour la plante. Il est à signaler que la matière organique n'influe pas au même moment sur tous ces paramètres de la même manière.

Les engrais organiques et la matière organique sont non seulement sources d'éléments nutritifs pour les plantes, mais ils sont aussi des régulateurs du régime hydrique et améliorateurs de tous les paramètres de fertilité car ils diminuent fortement la solidité des liaisons entre l'eau et le d sol.

b – Sur l'Environnement :

L'environnement est notre cadre de vie. Dans cet environnement les animaux et les végétaux ont des cycles de vie. Les êtres vivants naissent, grandissent, se nourrissent se reproduisent et meurent. Dans cet environnement, les êtres vivants prélèvent des substances et se nourrissent, ils produisent leur propre matière, (la matière organique).

c - La production agricole

La matière organique de bonne qualité :

- Atténue la rétrogradation des éléments ;

- Est une source d'éléments nutritifs ;

- Facilite la circulation de l'eau et de l'air ;

- Améliore la structure et la texture du sol ;

- Facilite le labour ;

- Retarde le lessivage et l'érosion ;

- Augmente l'échange des ions dans le sol ;

- Facilite l'absorption des éléments fertilisants ;

- Réduit la transpiration et la consommation en eau par unité de matière sèche ;

- Augmente l'activité microbiologique ;

- Constitue une source de CO_2 ;

- Accélère le processus respiratoire ;

- Diminue l'incidence des maladies parasitaires ;

- Améliore la qualité et la quantité des rendements ;

- Réduit l'adhérence des outils de travail ;

- Fixe les éléments biogènes qu'il libère progressivement.

2.3.2.2 - Les engrais

Les engrais sont des substances, le plus souvent des mélanges d'éléments minéraux, destinés à apporter aux plantes des compléments d'éléments nutritifs, de façon à améliorer leur croissance, à augmenter le rendement des cultures et la qualité des produits (SFA, 2010)

On distingue deux types d'engrais, les engrais minéraux et les engrais organiques

2.3.2.2.1 - Engrais minéraux :

Selon le guide des engrais, avec le développement de la chimie depuis le 19è siècle, les engrais minéraux ou chimiques furent de plus en plus utilisés, en raison de leur faible coût, de leur concentration élevée en NPK et de leur excellente efficacité.

L'Asie utilise 61% de l'azote et 58 % des phosphates. Ainsi, pour suivre cette croissance de nouvelles usines vont entrer en production en 2009 et 2010. Le continent africain produit près de 18,1 Mt (millions de tonnes) d'engrais minéraux, principalement les engrais azotés et phosphatés. Au Maroc, l'analyse de la situation actuelle en matière d'utilisation d'engrais montre une sous-utilisation par rapport aux besoins réels du pays, qui s'élèvent à environ 2,5 millions de tonnes. En effet, les données montrent que seulement 732 550 exploitations agricoles, soit 50 %, utilisent des engrais.

a. Avantage des engrais minéraux

Le site https://engrais.ooreka.fr (2017) explique qu'avec le développement de la chimie depuis le XIXe siècle, les engrais minéraux furent utilisés de plus en raison de leur faible coût et leur excellente efficacité sur les plantes cultivées. Les avantages que génère l'utilisation des engrais minéraux sont de plusieurs ordres. Les engrais minéraux une fois utilisés, accroissent la productivité des terres et le rendement des cultures ; ils ont un faible coût d'épandages ; ils ont la capacité de sédentariser des agriculteurs à travers l'amélioration de la productivité dans les exploitations; ils réduisent l'effet de serre à travers l'absorption de CO_2 lorsque la biomasse est abondante ce qui fortifie la photosynthèse; fournissent des oligo-éléments à l'organisme humain ;corrigent rapidement des carences chez les plantes cultivées ;

b. Inconvénients des engrais minéraux

Selon TOM et collaborateurs, (2013) la santé et la nourriture sont indissociables chez l'homme. Pourtant les engrais apportent beaucoup à la santé des hommes, mais par contre ils pourraient jouer un rôle négatif encore plus crucial. Malgré leur efficacité, ils peuvent entraîner des dégâts à la santé des micro-organismes, à l'être humain, à l'environnement et à l'eau. Ces dégâts sont de plusieurs ordres à savoir :

- La pollution de l'environnement et des eaux sous l'effet d'excédents éventuels de nitrate et de phosphore non utilisés par les plantes à travers l'infiltration ou le lessivage ;
- L'appauvrissement des terres agricoles à travers le ralentissement de la vie microbienne ;
- La production des gaz à effet de serre à travers la combustion accrue des combustibles fossiles et la volatilisation de l'azote dans l'air ;

L'urée technique mal appliquée dans un déficit hydrique peut brûler les plantes cultivées ;

La détérioration voire la coagulation dans les mauvais états de conservation ;

La chute des rendements par rapport à l'emploi des doses excessives ;

Malgré l'avantage et l'inconvénient des engrais minéraux, on ne peut pas se passer de leur utilisation mais cet usage doit être rationnel pour qu'ils soient efficaces, sans nuire à la santé des plantes elles-mêmes, de l'homme et à l'environnement.

2.3.2.2.2 - Engrais biologiques ou organiques

Les engrais organiques sont des engrais d'origine animale (fumier de ferme, compost, corne broyée, sang séché, guano, poudre d'os, arêtes de poissons) ou végétale (algues, cendre de bois). Ils sont composés de matières de base qui sont présentes dans la nature et ces matières sont dépourvues des produits nocifs.

Les engrais organiques sont apparus en 1981 et ils sont rendus utiles aux plantes et aux sols grâce aux activités microbiennes et aux facteurs physiques du sol. Ces engrais sont qualifiés à la fois d'amendement et fertilisant (DIALLO, 2017).

a. Avantage des engrais biologiques ou organiques

Selon le site www.gerbeaud.com les engrais biologiques ou organiques sont des fertilisants qui répondent à plusieurs préoccupations rencontrées par les agriculteurs.

Selon TOTO (2012) les engrais organiques ont plusieurs avantages notamment :

- l'amélioration de la vie microbiologique des sols ;

- l'amélioration de la structure du sol, réduisant ainsi l'érosion hydrique ;

- l'amélioration de la fertilité du sol et sa capacité de rétention d'eau ;

- la diminution de la dépendance par rapport aux engrais chimiques ;

- l'effet de la fertilisation dure deux ans.

- Elément d'intégration agro-pastorale.

- Economie d'intrants chimiques.

-   Les productions sont de meilleure qualité (couleur, goût).

Pour le site www.gerbeaud.com les engrais organiques limitent la propagation des mauvaises herbes, le lessivage de l'azote et fournissent des éléments nutritifs aux cultures à venir.

Selon ALLAWAY (2011) ces engrais ajoutent l'humus au sol, stimulent son activité microbienne, améliorent ses propriétés physiques, chimiques et biologiques. Ensuite ils recyclent les éléments nutritifs, interrompent le cycle des maladies et insectes nuisibles et contrôlent les adventices.

b. Inconvénients des engrais biologiques ou organiques

FAO (2005) a noté qu'avant l'ère des engrais chimiques, nos ancêtres agriculteurs avaient déjà fait recours à diverses techniques et pratiques pour restaurer la fertilité des sols épuisés. Les deux principales pratiques traditionnelles de régénération des sols sont : l'apport de fumure organique (débris végétaux, déjections animales) et la mise en jachère. Cependant, en raison de la démographie galopante et des besoins alimentaires qui s'en suivent, la production agricole doit augmenter de manière significative afin de nourrir la population mondiale.

c. Quelques types d'engrais organiques

- Fumier

Le fumier résulte de l'association, dans des proportions variables, des litières et des déjections animales. La composition de ces derniers est fonction à la fois de la nature des animaux, l'âge et leur alimentation. Le fumier de ferme dont la composition est en grande partie fonction de la nourriture des animaux, contient : 0,3 à 2,2% d'azote ; 0.1 à 2,1% de phosphore et 0,5 à 1,9% de potassium, plus les éléments secondaires et des oligo-éléments. Il est apporté à la dose de 20 à 30 tonnes à l'hectare, pour le fumier pailleux de bovins. Une tonne de fumier enfouie apporte en moyenne 6 kg de potassium, 5 kg de phosphore, 2 kg de MgO et 0,5 kg de soufre (MARTY, 1992).

Compost

D'après KANE (1983) le compost est un mélange de déchets végétaux qu'on a laissé pourrir en tas. Ce processus de putréfaction assistée par l'homme est appelé compostage qui est le recyclage des déchets d'origines animales ou végétales bio dégradables utilisés pour produire naturellement un fertilisant et faire un amendement.

Selon MADELEINE et collaborateurs (2005) le compost est un engrais organique fait à partir des résidus de récoltes, de fumiers frais d'animaux, d'ordures ménagères biodégradables et de déjections humaines.

Engrais verts

Selon ANNONYME (2014) un engrais vert correspond à l'utilisation dans l'agriculture des plantes à croissance rapide, se développant en toute saison, qui couvrent le sol et apportent les nutriments aux plantes cultivées. Sur une courte période, elles constituent une forte quantité de matière organique récupérable pour enrichir naturellement le sol.

Fiente

C'est l'excrément des oiseaux de la base cour formé en moyenne de mélange de déjections liquides et solides. Elle est composée de 56% d'eau ; 0,7 à 3,6% d'azote ; 1,5 à 2,4% de phosphore ; 0,8 à 1,2% de potassium et 26 à 44% de substances organiques (MAMY, 2012)

Guano

Selon KUEPPER (2010) le guano correspond aux excréments séchés de plusieurs espèces de chauves-souris et d'oiseaux marins. L'agriculture l'utilise depuis longtemps comme engrais. Les quantités d'éléments nutritifs présents dans les produits commerciaux à base de guano peuvent varier considérablement en fonction du régime alimentaire des oiseaux ou des chauves-souris. Le guano peut en effet être frais, semi fossilisé ou fossilisé.

Crottin

Selon KUEPPER (2010) la teneur exacte en éléments nutritifs d'un fumier donné dépend non seulement de l'espèce animale qui a produit ce fumier, mais aussi des rations consommées par les animaux, de leur litière, de la quantité de liquide ajoutée et du système de collecte et de manutention employé. Le tableau 7 donne les teneurs approximatives en NPK contenues dans le crottin de chèvre et de mouton.

Tableau 7 : Teneurs approximatives en azote (N), phosphore (P) et potassium (K) de crottin de chèvre et mouton. (Alternative Soil Testing Laboratoires 2010)

N°	Eléments nutritifs	Teneur approximative, %
1	D'azote	1,44
2	D'acide phosphorique	0,50
3	Potasse	1,21

2.3.3 - Bio méthanisation et atouts : Bio digesteur, digestat et Biogaz

2.3.3.1 - Biométhanisation

La biométhanisation est un processus naturel de dégradation biologique de la matière organique dans un milieu sans oxygène (digestion anaérobie), due à l'action de multiples micro-organismes (bactéries). Différents micro-organismes transforment les substrats organiques complexes en molécules simples (monomères : acides, alcools...), puis en biogaz (OHANNESSIAN, 2008) et (RECORD, 2009).

Cette digestion anaérobie se produit spontanément dans tous les écosystèmes où l'on trouve de la matière organique en l'absence d'oxygène, et où les conditions physico-chimiques sont compatibles avec celles du vivant (SAKOUVOGUI.A, 2019).

Ce phénomène a donc lieu dans les marais, les sédiments lacustres ou marins, les rizières (1kg de riz produit, équivaut environ à l'émission de 100g de CH4 dans l'atmosphère), le sol et l'intestin de certains animaux (Brauman, et *al* 2008).

a- Aspects métaboliques, microbiologiques et thermodynamiques

Les déchets organiques sont des substrats hétérogènes, composés de molécules diverses exigeant un processus métabolique complexe pour leur dégradation et faisant intervenir une longue série de réactions biochimiques, avant leur conversion et réduction finales en méthane.

Les réactions biologiques mises en jeu lors de la méthanisation sont décrites en deux phases distinctes : une phase aérobie et une phase anaérobie.

- Phase aérobie

Cette phase de dégradation aérobie prend place dès la mise en décharge des substrats ou leurs dépôts dans le digesteur. Sa durée correspond au temps de consommation de la totalité d'oxygène contenu dans le milieu. L'énergie libérée au cours de cette phase est utilisée pour l'accroissement exponentiel des microorganismes (loi de Monod), (ARAN, 2000).

- Phase anaérobie

Cette phase est la plus importante de l'ensemble du processus qui aboutit à la formation du méthane. Elle se déroule en quatre étapes (Hydrolyse, Acidogènes, Acétogenèse et Méthanogenèse), avec différentes bactéries adaptées à chacune de ces étapes (AUILAR, CASAS et LEMA, 1995),

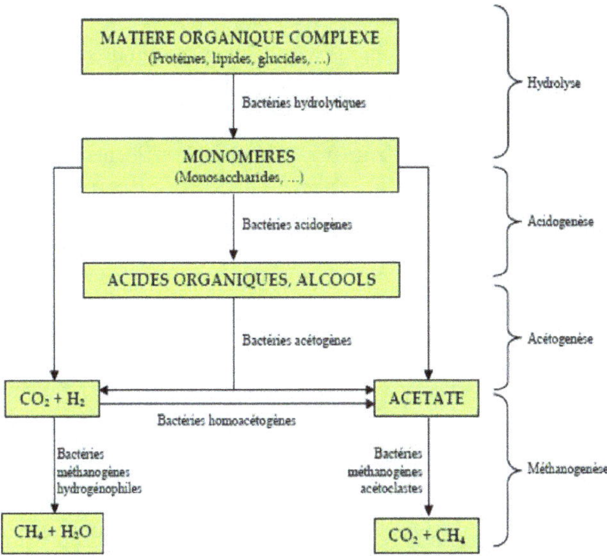

Figure 6 : Principe de la méthanisation

b - Prétraitement et homogénéité de substrat

Le prétraitement consiste en la ségrégation entre la fraction organique du substrat à digérer et la fraction minérale ou inerte (métal, verre, matière plastique, os, cailloux et pierres, etc.) considérée comme source d'impureté à l'intérieur du gisement.

L'homogénéité du substrat par l'agitation du contenu du digesteur anaérobie favorise le contact entre le substrat et les micro-organismes et renforce l'activité méthanogène.

c - Concentration de matière organique dans les substrats

Les concentrations respectives de carbone et d'azote (ou balance nutritionnelle), dans le substrat déterminent la performance du processus anaérobie comme l'un ou l'autre peut constituer un facteur limitant. En général, les micro-organismes utilisent le carbone 25 à 30 fois plus rapidement que l'azote, au cours de la digestion anaérobie (BEKKERING, et *al* 2010).

Le carbone représente la principale source d'énergie pour les micro-organismes tandis que l'azote participe à la croissance microbienne. Le tableau 8 donne le rapport Carbone - Azote (C/N) de certains substrats bio méthanisables.

Tableau 8 : Rapport Carbone - Azote (C/N) de certains effluents animaux. (Portes Z.A ; Florentino H.O, 2006)

Effluents animaux Rapport C/N	Rapport C/N
Urine	0,8
Purin	2 – 3
Lisier de porcs	5-7
Lisier de bovins	8-13
Fumier de bovins	20
Fumier frais de poule	10
Fumier de cheval	25

d - Matières organiques pour la bio méthanisation

Une large gamme de matières organiques dénommées « substrats » sont utilisées pour la production de biogaz. Ces substrats permettant de réaliser une digestion anaérobie sont principalement, les effluents d'élevage, les eaux usées urbaines, la fraction organique des ordures ménagères et les déchets agroalimentaires. Ils sont regroupés en deux grandes filières à savoir la biomasse sèche et la biomasse humide (ALMANSOUR, 2011).

- **La biomasse humide**

Est constituée des effluents d'abattoirs, de lixiviats des décharges, des ordures ménagères, des effluents industriels, des eaux usées domestiques (déchets liquides, boues des stations d'épuration, les boues de vidanges des fosses). La charge organique de la biomasse humide est exprimée en DCO « Demande Chimique en Oxygène ».

Pour le fond des lacs et marais, le biogaz est produit naturellement par les sédiments organiques qui s'y accumulent. Par exemple, l'utilisation du biogaz du lac Kivu a été entreprise il y a plus de 40 ans et est maintenant développée à grande échelle ;

- **La biomasse sèche**

Est caractérisée par sa forme solide ; elle est constituée par les déchets agricoles, les ordures ménagères ou déchets solides municipaux, la biomasse solide d'origine aquatique telle que le typha, les algues marines, la jacinthe d'eau, la laitue d'eau, etc.

Contrairement à la biomasse humide, la charge organique de la biomasse sèche est exprimée en DBO (Demande Biologique en Oxygène) et en TMES (Teneur de Matières En Suspension).

- **Déjections animales**

Les déjections animales (urines, excréments) et les résidus de récolte forment le lot des substrats d'origine agricole et sont les plus répandues et anciennement utilisées dans la production de biogaz.

Le mode d'élevage, la conduite animale et les potentialités du milieu physique conditionnent généralement la taille et la composition du cheptel, de même que la taille des individus du même âge et de la même espèce, et par conséquent, les quantités de déjections animales produites par une unité d'élevage, au cours d'une période donnée.

Pour certains auteurs, une tête bovine produit en moyenne 4,5 kg/jour de déjection (Lacour, Bayard et Gourdon, 2011) ; la production spécifique de déjection porcine varie entre 1 et 3 kg de lisier par animal et par jour. Les productions spécifiques de fiente de 1000 poulets peuvent atteindre 15 t/an pour les poulets de sélection ; elles varient entre 6 et 10 t/an pour les poulets de chair et environ 4 t/an pour les jeunes pondeuses. Pour d'autres auteurs, un animal produit en moyenne, environ 19 grammes de déchets par kilogramme de poids corporel par jour (LACOUR, 2012).

Le tableau 9 donne les productions de la quantité de déjections par jour en fonctions des espèces.

Tableau 9 : Productions spécifiques de déjections des bovins, porcins et poulets (Joaniseson 2012)

Déjections animales	Q (kg/jour/animal)	Références
Bouse de bovins	4,5	Werner et *al*
Werner et al. Lisier de porcins	2	
Fientes de 1000 poulets	11	Flora et Riahi-Nezha

- **Evaluation de la quantité de matière organique**

La quantité journalière de matière organique produite par une population animale est calculée par la relation suivante :

$$MO = Na \times Qj \times \%MO$$

Où : MO - Matière organique disponible par jour (m3/j) ou (kg/j) ;

Na - Nombre d'animaux selon les catégories ;

Qj - Quantité de déjection produite par jour en (m3/j) ;

%MO - Pourcentage de matière organique par matière sèche.

Les déchets peuvent être organiques, industriels ou agricoles.

2.3.3.1.1 - Digesteur

Le digesteur anaérobie, encore appelé fermenteur ou bioréacteur-anaérobie est généralement constitué d'une cuve fermée, étanche à l'air et isolée thermiquement de l'extérieur dans laquelle différents microorganismes dégradent chimiquement et biologiquement les déchets et effluents organiques pour produire du biogaz (BEKKERING, et *al* (2010). Il est généralement en béton ou en acier inoxydable, mais sa forme varie (ronde, rectangulaire) etc. selon les constructeurs.

2.3.3.1.1.1 Types de digesteurs anaérobies

Le choix du digesteur dépend du type de déchets à traiter et de l'application visée. On classe généralement les digesteurs selon : le mode d'alimentation, le type de substrats, le nombre d'étapes et le type de stockage du gaz (BEKKERING, et *al* 2010).

On distingue trois types de digesteurs selon leurs modes d'alimentation :

a - Digesteur batch ou discontinu

Ce type de digesteur, mis au point dans les années 1930 par Ducellier et Isman, a l'avantage d'être d'une construction simple. Le mode opératoire consiste à remplir le digesteur avec les substances organiques et laisser digérer. A la fin de la digestion, le digestat est évacué et le processus peut recommencer. Ces systèmes rustiques et d'une grande simplicité technique, sont avantageux pour traiter les déchets solides comme les fumiers, les résidus agricoles ou les ordures ménagères. Dans ce type de digesteur la production de biogaz n'est pas régulière.

b - Digesteur continu

Dans ce type de digesteur, le substrat introduit de manière continue est digéré et déplacé soit mécaniquement, soit sous la pression des nouveaux intrants vers la sortie sous forme de digestat (Al Seadi et *al* 2008). Le fonctionnement en continu, est bien adapté aux installations de grande taille. Il existe trois principaux types de digesteurs continus : système à cuve verticale, système à cuve horizontale et système à cuves multiples.

c - Digesteur semi-continu

Ce type de digesteur fonctionne avec une combinaison des propriétés des deux précédents afin de tirer profit des avantages des deux extrêmes.

2.3.3.1.1.2 - Classification des digesteurs selon le type de substrats

Cette classification des digesteurs est fonction de la teneur en matière sèche, des matières organiques qui affectent leur consistance de façon arbitraire (ARAN 2000). On a :

- Solide : teneur en matière sèche comprise entre 20 et 50 % ;
- Semi-solide ou pâteux : teneur en matière sèche comprise entre 5 et 19 % ;
- Liquide : teneur en matière sèche inférieure à 5 %. Lorsque la teneur en matière sèche est supérieure à 50%, le substrat est difficilement traitable par

digestion anaérobie. Dans cette classification on distingue les digesteurs suivants
:

a) Digesteurs infiniment mélangés

Ils sont équipés d'un mélangeur et des fois d'un système de chauffage. Les mélangeurs permettent d'homogénéiser le substrat, d'éviter la formation de croûtes flottantes, d'associer les microorganismes et leur nourriture et d'empêcher le gaz de s'échapper.

b) Digesteurs à écoulement piston

Ce sont des digesteurs cylindriques horizontaux. Le substrat est introduit d'un côté et se déplace lentement vers la sortie tout en se décomposant. Contrairement au digesteur infiniment mélangé, le temps de rétention est plus long, par conséquent les taux de dégradation de la matière et de rendement en gaz sont plus élevés. Dans cette famille de digesteurs on peut citer : le digesteur à lit, le digesteur à lit fixé, le digesteur à lit de boue et Le digesteur à lit fluidisé.

2.3.3.1.1.3 - Classification selon le nombre d'étapes

Cette classification met en évidence le fait que l'hydrolyse et l'acidogènèse sont séparées ou pas de la phase suivante de méthanogènes. Dans cette classification LESENFANTS (2011), distingue :

a) Procédés mono-étapes

Dans ces procédés, toutes les étapes de la digestion ont lieu dans la même enceinte. Ils sont exploitables en continu ou en batch, et principalement appliqués pour des substrats allant jusqu'à 40% de matière sèche.

b-Procédés bi-étapes

Ils visent à la séparation nette entre l'hydrolyse et l'acidification de la phase suivante de méthanisation. L'avantage de cette séparation des phases est la réduction du risque d'intoxication des cellules méthanogènes liées à la présence d'acides gras volatils lorsque l'étape d'acidogène de n'est pas complètement terminée. Ce type de procédés réside dans les courts temps de décomposition de la matière solide.

2.3.3.1.1.4 - Classification selon le type de stockage du gaz

Pour cette classification, il existe deux types de digesteurs :

a) Digesteur à dôme flottant ou digesteur à cloche mobile

Le digesteur à dôme flottant, aussi appelé « type indien », a été construit et diffusé pour la première fois en 1950 à Bombay (Inde). Les murs de ce type de digesteur sont généralement construits en briques et surmontés d'une cloche mobile en métal ou en plastique comme gazomètre (GAC, et *al* 2007).

b) Digesteur à dôme fixe ou digesteur à dôme encastré

Le digesteur à dôme fixe est dit « type chinois », pour avoir été construit pour la première fois à Jiangsu (Chine), en 1936 ; il a un volume constant. Ce type de digesteur est le plus répandu dans le monde rural, avec plus de 5 millions d'unités de taille familiale en Chine, à la fin du 20è siècle (POUAN 2011). (Voir Figure 7)

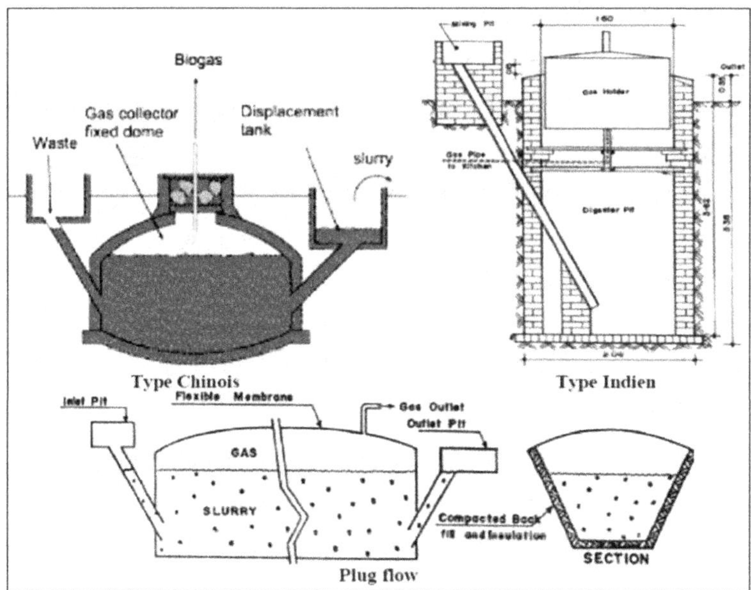

Figure 7 : Types de digesteurs (Chinois, Indien et Plug flow)

Dans le cadre de ce travail, ce sont les effluents du digesteur le type dôme fixe ou « type chinois » à alimentation continue que nous avons utilisé. Ces digesteurs ont été construits dans le cadre du Projet Biogaz du MEEF avec l'appui du PNUD. Selon BOIRO, BALDE et SANDWIDI (2017), ce type de digesteur a l'avantage d'avoir: un volume constant, une durée de plus de 20 ans, une structure enterrée qui lui offre une construction solide. Il est réalisé avec des matériaux locaux disponibles sur place, sa structure ne présente aucune pièce mobile, la température interne du digesteur est stable et sa construction permet un gain d'espace avec peu d'entretien.

En raison des expériences requises dans les projets de recherche et la réalisation de digesteurs pour la production de biogaz en Guinée de 1980 à 2000 avec la construction d'une centaine de digesteurs de type chinois à alimentation continue, de volumes variant de 1 à 15 m3, des conditions climatiques et la nature des sols, nous avons opté pour ce modèle de digesteur à dôme encastré.

2.3.3.1.1.5 - Fonctionnement du système

SAKOUVOGUI (2019) indique que ; le biogaz représente à l'heure actuelle une solution formidable pour valoriser les déchets et répondre localement à la demande en énergie (gaz de cuisson, électricité, chaleur). Le principe d'un bio digesteur est souvent basé sur une utilisation en continu, c'est à dire que chaque jour, on alimente le digesteur et on obtient de l'effluent liquide d'un côté et du biogaz de l'autre. Les proportions sont à adapter suivant le fût, la fréquence d'alimentation et la production de biogaz, qui dépend beaucoup de la température et des intrants.

Selon le site www.hybridenergies.org, la fermentation de matière biologique dans une enceinte close (anaérobique ou absence d'oxygène) entraîne une suite de réactions chimiques, qui produit un gaz, appelé biogaz. Cette transformation des déchets dure de 30 à 40 jours. Après la réaction, l'effluent liquide obtenu est un fertilisant naturel, reconnu comme source riche en azote et très assimilable. Le système est conçu pour un fonctionnement en continu, c'est-à-dire qu'après la période initiale, chaque jour, le digesteur est alimenté de déchets animaux, végétaux, ménagers avec de l'eau et l'on obtient ainsi quotidiennement de l'effluent et du biogaz.

Le biogaz est un mélange constitué d'environ 60-70% de méthane, ainsi que 20% de CO_2, de la vapeur d'eau, du H_2S, etc. Pour bien comprendre comment fonctionne le bio digesteur, on peut se référer au corps humain. Chaque jour, nous mangeons et nous buvons. Ces aliments et l'eau sont digérés dans le système digestif à une température d'environ 37°C grâce à des bactéries qui transforment les aliments. Une partie est assimilée par le corps, une partie est rejetée sous forme de gaz (« pet » pour être clair) et une autre partie est rejetée aux toilettes, comme les effluents. En gardant bien, cette « image » en tête, on peut comprendre facilement le fonctionnement de ce système, qui reproduit seulement le naturel.

- Température

La température est la composante clef pour la production de biogaz. On essaie de maintenir le milieu autour de 40°C et surtout d'empêcher une température supérieure à 44°C. Au-dessus de cette température, la réaction n'est pas stable jusqu'à une température minimale de 55°C (réaction thermophile au lieu de mésophile). La température intermédiaire provoque une instabilité, peu de production, une température supérieure à 44°C est à éviter absolument. Si la température varie trop entre le jour et la nuit, on peut mettre le socle dans la terre pour limiter les variations de température (www.biogaz-energie-renouvelable.info).

- Alimentation

Selon ADEME, en 2011 on peut alimenter le digesteur de nombreux intrants : débris végétaux, de déchets d'animaux ou ménagers tels que les pelures, épluchures de fruits ou légumes, les aliments périmés ou qui moisissent déjà, les sous-produits des transformations agro-alimentaire (production d'huiles, d'alcools, de farines etc…). Il est important de piler les déchets ou encore mieux de les mixer afin d'en faciliter l'assimilation par les bactéries (comme la mastication favorise la digestion). On ajoute environ 5 litres d'eau pour maintenir le milieu bien liquide et assurer l'étanchéité. La quantité d'eau journalière à ajouter se calcule en fonction de la contenance et du temps de digestion et s'adapte ensuite en fonction de l'évaporation et de l'humidité des intrants. Par exemple, pour un socle (premier fût) de 200 litres, dont 180 litres sont utilisés, si on compte un temps de rétention de 35 jours, 5 litres d'eau seront versés chaque jour et environ 4 à 5 litres d'effluent seront récupérés (une partie de l'eau s'est évaporée).

2.3.3.1.2 - Digestat

Le digestat est le produit résiduel de la méthanisation, composé de matière organique non biodégradable, des matières minérales (azote, phosphore…) et de l'eau. Ce digestat est stocké dans des fosses ou des dalles en béton. Ce sont les résidus ou déchets « digérés », issus de la méthanisation des déchets organiques. Le digestat est constitué de bactéries excédentaires, la matière organique non dégradées et de matières minéralisées. Après traitement il peut être utilisé comme compost. Le digestat, issu du processus de méthanisation, est une « nouvelle » matière résiduaire organique destinée à l'épandage agricole (ASTERIOT, 2005)). Selon NASKEO ENVIRONNEMENT (2009), Le digestat peut subir un traitement de séparation de phase liquide/solide pour avoir une fraction solide riche en matière organique et en élément phosphaté qui se gère comme un amendement, une fraction liquide contenant de l'azote ammoniacal et peu de matière organique, utilisable comme engrais liquide en remplacement des engrais minéraux azotés.

En fonctionnement normal, la méthanisation anaérobie peut présenter les propriétés suivantes :

- Odeurs inexistantes du fait de la digestion dans le méthaniseur des matières organiques responsables des nuisances olfactives

- Germes pathogènes réduits grâce à l'hygiénisation

- Valeur amendant conservée car la fraction ligneuse contribuant à la formation d'humus n'est pas attaquée

- Valeur fertilisante améliorée l'azote se retrouve sous forme ammoniacale – plus facilement

- assimilable par les plantes. Cependant son état plus volatile, a des conséquences sur les modalités de stockage et d'épandage. Plus fluide que le lisier non traité, il pénètre plus rapidement dans le sol (ADEME, 2011).

2.3.3.1.2.1- Le processus de compostage

Le digestat doit subir une phase de maturation (réorganisation du carbone, humification etc..) afin de devenir un « produit stabilisé » (faible évolution de la fraction carbonée, substances humufiées etc…). Cette phase d'humification peut se dérouler dans le sol après incorporation du digestat brut ou bien sur une plateforme dédiée. Dans la pratique, l'évolution aérobie du digestat peut demander une étape de séchage de cette matière ou une autre technique de séparation des phases et/ou l'addition d'un support afin de permettre l'aération nécessaire à l'évolution de la matière organique résiduelle. Il faut noter que la phase de séchage du digestat peut entraîner la perte de 90 % du NH_4^+ qui aura été transformé en NH_3 (ADEME, 2011).

2.3.3.1.2.2 - Valeur fertilisante du digestat

BARRY (2013) rapporte qu'une grande partie des pathogènes présents dans le digestat est éliminée dans les digestions thermophiles où les réactions se produisent à des températures plus élevées. Dans le cas des systèmes à températures moyennes, de longs temps de séjour sont habituellement suffisants pour leur inactivation.

Finalement, l'utilisation du digestat comme amendement pour les sols augmentera la quantité des champs sans la nécessité d'épandage des produits chimiques.

Selon EARL (2014), on constate que le digestat a une valeur fertilisante très significative et justifie ainsi une valorisation par épandage dans les parcelles agricoles. Ces valeurs reposent sur des estimations à partir des matières entrantes. Lorsque l'unité sera en fonctionnement, des analyses régulières du digestat permettront d'affiner ces chiffres et éventuellement d'ajuster en conséquence les doses d'épandage.

Il affirme en outre que, le digestat est obtenu après méthanisation d'intrants uniquement d'origine agricole : effluents d'élevage et sous-produits végétaux. Cette origine garantit donc l'innocuité du digestat et la possibilité de l'épandre sans danger sur des parcelles agricoles. Dans le tableau 10, se trouvent consignées les valeurs fertilisantes des digestats (liquide, solide et brute) tous issus d'une fermentation anaérobie de déchets organiques.

Tableau 10 : Valeur fertilisante du digestat (EARL, 2014)

Fertilisants / Digestat	MS (%)	MO (%)	Ntot Kg/t	NH_4^+ Kg/t	Norg Kg/t	P_2O_5 Kg/t	K_2O Kg/t
Digestat solide	26	18,9 2	8,6	3,7	4,9	6,6	15,5
Digestat liquide	3,16	2,3	5,5	4,9	0,6	7,2	13,8
Digestat brut	9,26	6,74	6,3	4,6	1,7	7	14,2

Légende : Ntot : Azote total, P_2O_5 : Anhydride phosphorique, NH_4^+ : Azote ammoniacal, K_2O : Potasse, Norg : Azote organique, MO : matière organique, MS : matière sèche.

2.3.3.1.2.3 - Valorisation agronomique du digestat en agriculture biologique

DIALLO (2017) admet que, plusieurs facteurs, tels que le contexte politique, l'accès au crédit et la gestion des ressources naturelles influent sur la durabilité de la production. Mais le recours à des pratiques agricoles simples, destinées à régénérer les sols, peut contribuer pour beaucoup à assurer une productivité durable au niveau des exploitations agricoles. En pratique, la qualité d'un sol tient à sa capacité de rétention de l'eau et des éléments nutritifs.

D'une manière générale, les facteurs essentiels au maintien de cette qualité consistent à améliorer la teneur du sol en humus et à protéger sa couche arable (contenant les particules d'argile et d'humus) contre l'érosion.

Dans le même ordre d'idée ALLAWAY (2011) admet que dans le cadre pédologique et écologique, c'est la dégradation de la matière organique qui assure, quand elle est mélangée à la matière minérale, la formation et l'évolution des sols. Le recyclage des éléments nutritifs minéraux et organiques dans un système définit 1'écosystème (biotope + biocénose). Le développement d'une agriculture durable nécessite avant tout la préservation de la richesse des sols en matière organique. Les pays qui ont besoin d'augmenter leur production devraient se doter d'une stratégie nationale axée sur la durabilité.

2.3.3.1.3 - Biogaz

BARRY (2013) rapporte que c'est un gaz combustible, un mélange de CO_2 et CH_4, qui provient de la dégradation des matières organiques mortes (végétales ou animales), dans un milieu en raréfaction d'air.

Il continue en disant que le biogaz est un produit obtenu par la fermentation des déchets organiques ou végétaux en l'absence de l'oxygène (anaérobie). Cette fermentation se produit naturellement (dans les marais) ou spontanément dans les décharges contenant des déchets organiques ; mais elle peut se produire aussi artificiellement (dans des digesteurs) pour traiter les boues d'épuration,

2.3.3.1.3.1- Composition du biogaz

En fonction du type de substrat, le potentiel méthanogène est différent et le biogaz est de composition variable. La formation du biogaz est directement influencée par les facteurs de biodégradation qui interviennent sur la qualité de vie des micro-organismes générateurs de méthane (nature, composition et degré de compactage des intrants, taux d'humidité, température, pH, …). Selon la nature des substrats, leur mode de traitement et les variations climatiques, la composition du biogaz diffère dans le temps et d'un site à l'autre.

a. Composition chimique

Le site www.biogaz-energie-renouvelable.info rapporte que des sources différentes de production conduisent à des compositions spécifiques différentes. La présence de H_2S, de CO_2 et de l'eau rend le biogaz très corrosif et nécessite l'utilisation des matériaux adaptés. La composition d'un gaz en fermentation dépend du substrat, de sa charge en matière organique et du débit d'alimentation du méthaniseur.

b. Caractéristiques physiques

Selon sa composition, le biogaz présente des caractéristiques qu'il est intéressant de comparer au gaz naturel et au propane. Le biogaz est un gaz sensiblement plus léger que l'air, il produit deux fois moins de calories par combustion à volume égal que le gaz naturel (www.biogaz-energie-renouvelable.info).

En moyenne, le biogaz est composé (en volume) de 30 à 70 % de CH4, de 20 à 50 % de CO_2, de moins de 10 % de N_2 et de moins de 2 % d'O_2. Le biogaz brut est saturé en H_2O, d'après SIGOT (2014).

Le biogaz produit dans les Installations de Stockage de Déchets Non Dangereux (ISDND) est globalement de moins bonne qualité énergétique que les biogaz issus des Stations d'Epuration (STEP) et Agricoles.

Selon plusieurs auteurs, une synthèse de la composition en constituants majeurs de biogaz en fonction de leur origine (ISDND, STEP, digesteur agricole) est donnée dans le tableau 11.

Tableau 11 : Composition en éléments majeurs de biogaz selon leur origine (INERIS, 2009)

Composition	Symbole	Teneur volumique moyenne (%)		
		ISDND	STEP	Agricole
Méthane	CH4	25 - 61	50 - 75	50 - 75
Dioxyde de Carbone	CO_2	14 - 55	19 - 49	19 - 45
Vapeur d'eau	H_2O	4 - 15	6 - 16	2 - 14
Azote	N_2	0 - 49	0-2	< 2
Oxygène	O_2	0 – 8	0-1	< 2

2.3.3.1.3.2 - Valorisation du biogaz

Le biogaz a deux débouchés principaux : la production d'électricité avec utilisation d'une chaudière au biogaz suivie d'une turbine à vapeur, technique éprouvée et fiable, l'utilisation du biogaz pour la production d'électricité ne nécessite pas une épuration lourde.

Le deuxième débouché est la production de carburant où les spécifications de pureté du gaz sont plus sévères. Le biogaz utilisé comme carburant doit contenir un minimum de 96% de méthane. Il faut en outre que le point de rosée soit inférieur à -20°C (ce qui correspond à une teneur en eau inférieure à 15 mg/m^3), que la teneur en H$_2$S soit inférieure à 100 mg/m^3, et que la teneur en hydrocarbures liquides soit inférieure à 1%, avec une taille de poussières limitée à 40 microns.

2-3.3.2 - Atouts de la biométhanisation

L'installation d'une unité de biométhanisation comporte des avantages énergétiques et environnementaux.

a - Atout agronomique

Après méthanisation, une partie plus ou moins importante de la matière organique a été transformée en biogaz, tandis que les éléments minéraux sont conservés et synthétisés en partie par la flore microbienne. Par rapport à la matière sèche initiale, du fait de la perte de carbone, le résidu méthanisé sera donc enrichi en éléments minéraux avec un rapport C/N réduit. La majeure partie de l'azote sera minéralisée et réduite sous forme d'ammoniaque. A titre indicatif, l'ammoniac contenu dans un engrais organique fermenté durant 30 jours en anaérobiose s'accroit de 19,3 % et le contenu utile de phosphate s'accroit lui de 31,8 % (FARINET 2008).

Une fois le processus de production de gaz réalisé, la biométhanisation produit un résidu qui peut être valorisé comme amendement organique. La valeur fertilisante des effluents d'élevage méthanisés n'est pas affectée (la totalité de l'azote contenu dans le fumier ou le lisier est conservé lors de la digestion), et est même parfois améliorée. En effet, l'azote change de forme pendant le processus : présent sous forme d'azote organique dans les déjections fraîches, il se retrouve sous forme d'ion ammonium NH4+ dans l'effluent. L'ammonium est une forme d'azote plus facilement assimilable par les plantes mais il est très volatil.

Le résidu sera de plus partiellement dépollué, désodorisé et plus stable, donc stockable et épandable avec moins de nuisances. Le digestat peut être utilisé directement comme fertilisant organo-minéral ou comme aliment piscicole. C'est le cas par exemple en Chine, au Vietnam et en Inde.

Pour les déchets solides, le résidu subit d'abord une séparation solide/liquide en suite, la fraction liquide peut être recyclée en tête de méthanisation ou utilisée comme fertilisant. La fraction solide subit généralement un compostage aérobie complémentaire pendant plusieurs mois afin de parfaire sa maturation (FARINET 2008). En résumé les opérations suivantes se réalisent :

- Conservation de la quasi-totalité des éléments fertilisants ;
- Exportation de matière organique (MO) pour produire du biogaz et conservation de la fraction stable (= liquéfaction) ;
- Minéralisation de l'azote organique sous forme ammoniacale rapidement assimilable (mais sensible au lessivage et volatile) ;
- Dégradation des composés volatils (odeurs) ;
- Amélioration de la qualité sanitaire ;
- Produit plus homogène et plus fluide (épandage facilité).

b -Atout environnemental

Le développement du biométhane est également un facteur d'amélioration de l'hygiène et de la santé dans les zones d'exploitation. Il assure l'hygiénisation, la désodorisation, la limitation des risques de pollution organique et la limitation des émissions de Gaz à Effet de Serre.

- Pour l'hygiénisation, la biométhanisation détruit une part importante des agents pathogènes, environ 99 % des germes pathogènes tels que les œufs de schistosome, les vers et les autres parasites sont éliminés par digestion mésophile et 99,99% par digestion thermophile (LESENFANTS 2011) ; Pour la désodorisation, la fermentation limite fortement les odeurs olfactives émises par les effluents lors de leur épandage sur une terre agricole. A la fin du processus de biométhanisation, les déchets organiques ne possèdent plus d'odeur gênante. Cet intérêt est surtout déterminant pour des exploitations agricoles proches des lieux d'habitation ;

- Pour la limitation des risques de pollution organique, les modifications biochimiques effectuées lors du processus de méthanisation transforment le produit fermenté en un substrat moins polluant ;

 - Pour la limitation de l'émission des gaz à effet de serre, le méthane contenu dans le biométhane est un gaz à effet de serre. Pour certains auteurs le méthane a un pouvoir de réchauffement global sur 100 ans, 21 fois supérieur à celui du dioxyde de carbone (Yvan 2016). Son utilisation dans des systèmes mécaniques évite qu'il soit naturellement émis dans l'atmosphère par les déchets organiques ; bref :

-Aucune émanation d'odeurs, de fumées ou d'émissions nocives ;

- Grande économie d'énergie fossile, bilan carbone amélioré ;

- Haute valorisation du digestat avec possibilité d'hygiénisation du substrat ;

-Respect du PMPOA (programme de maîtrise des pollutions d'origine agricole).

c - Atout énergétique

L'atout majeur du biogaz est sa teneur en méthane, qui lui confère un Pouvoir Calorifique Inférieur (PCI) important. Il est à la base de l'utilisation du biogaz comme source d'énergie.

Le Pouvoir Calorifique (PC) ou chaleur de combustion d'un matériau combustible est l'enthalpie de réaction de combustion par unité de masse (l'énergie dégagée sous forme de chaleur par la réaction de combustion totale par l'oxygène avec formation de CO_2 et d'H_2O).

Le Pouvoir Calorifique Inférieur (PCI) est l'énergie thermique libérée par la réaction de combustion d'un kilogramme de combustible sous forme de chaleur sensible, à l'exclusion de l'énergie de vaporisation (chaleur latente) de l'eau présente en fin de réaction. Le PCI du biogaz est proportionnel à sa teneur en méthane. Pour le méthane le PCI est de 9,94 kWh / Nm^3.

Le méthane émet - de CO_2 que l'essence ou le pétrole car il possède le rapport H/C le plus élevé.

d - Atout économique

Le développement du biométhane permet de réduire les charges financières des exploitants à savoir :

- L'utilisation des déchets organiques méthanisés comme engrais agricoles évite l'achat d'engrais minéraux ;
- L'autonomie en éclairage et en production d'électricité évite les dépenses relatives aux règlements des factures d'électricité ;
- L'utilisation du biométhane comme gaz combustible évite les dépenses liées à l'achat régulier du « gaz combustible standard butane » ;
- Des redevances peuvent être perçues pour le traitement des déchets extérieurs à son site ;
- Diversification des débouchés pour certaines cultures (maïs, haricot, …)
- Production de chaleur et économie sur les énergies fossiles.

CHAPITRE III : MATERIEL ET METHODES

CHAPITRE III : MATERIEL ET METHODES

Ce chapitre décrit le matériel utilisé, les méthodes, les références des méthodes et les paramètres analysés pour la caractérisation du sol, de la bouse de vaches et des digestats des différents sites de prélèvement des échantillons, le dispositif expérimental de la culture du maïs et du haricot.

3.1- Caractérisation du sol

Pour le prélèvement des échantillons de sols, deux méthodes ont été employées : la première a consisté en l'exécution d'un profil pédologique de dimensions 1 mètre sur 0.5m et d'une profondeur de 0.5m. La deuxième méthode est celle du sondage appliqué au niveau de quatre points de la parcelle de culture afin d'obtenir un échantillon composite à deux niveaux (horizons A et B).

Les paramètres, les méthodes et les références des méthodes utilisées pour faire les analyses dans les différents laboratoires se trouvent consignés dans les tableaux 12 et 13.

Les méthodes ci-dessous ont permis de déterminer les différentes caractéristiques de nos échantillons de : sol, de la bouse de vache, des digestats, des grains du maïs et du haricot.

Tableau 12 : Méthodes d'analyse des paramètres agro-chimiques et physiques des échantillons de sol

N°	PARAMETRE	METHODE	REFERENCE DES METHODES
1	Texture	Densimétrie de bouyoucos	ISO 13473-1 : 1997 (fr)
2	Densité apparente, g/cm3	Méthode de la buse inoxydable	http://www.abcduconseilller.qc.ca/UserFile/Outil
3	Densité réelle	Cylindre 250 inox	
4	Porosité (%)	Calcul	$(\frac{D_r - D_a}{D_r})\ 100$
5	pH $_{(H2O)}$	Potentiométrique	OIV – MA – BS -13 : R 2009
6	Carbone (%)	Méthode Anne	D:\LEREA\Memoire\THESE SOUTENANCE 10.3.2020_IB\ https:\www.issep.be › wp-content › uploads https://www.issep.be › wp-content › uploads
7	Matière organique (%)	Walkley et Black	http://collections.bang.qc.ca/ark:/52327/bs35531
8	Nt, (%)	Kjeldahl	Pauweels et *al*(1992)
9	Rapport C/N	-	Par calcul
10	Ca++, (meq/100g)	Méthode photométrique	
11	Mg++, (meq/100g)	Méthode photométrique	ISO 7579 : 2009 (fr)
12	K_2O assimilable (meq/100g)	Méthode photométrique	
13	Na+, (meq/100g)	Méthode photométrique	
14	Al+++, (meq/100g)	Méthode de KCl	Beermart et Bitondo(1992)
15	CEC, (meq/100g)	Méthode CH3COONH₄	http://www5.lille.inra.fr/las.
16	S, (meq/100g)	Méthode de Kappin	Beermart et Bitondo, (1992)
17	V (%)	-	$\frac{S}{CEC}$ x 100

Au niveau du laboratoire de pédologie et chimie des sols de l'ISAV ; les analyses ont porté sur quelques paramètres agro-chimiques du sol qui sont : pH $_{(H2O)}$, Azote nitrique NO_3, Phosphore assimilable (P_2O_5) et potassium Echangeable (K_2O), les méthodes utilisées sont consignées dans le tableau 13.

Tableau 13 : Méthodes d'analyse de quatre paramètres agro-chimique du sol.

N°	Paramètre	Méthode	Reference des méthodes
1	pH $_{(H2O)}$	Méthode de waterproof	
2	Azote nitrate NO_3	Méthode de réduction du cadmium	www.fao.org/3/t0845fao.htm
3	Phosphore assimilable (P_2O_5)	Méthode Phos ver 3 (acide ascorbique)	
4	Potassium Echangeable (K_2O)	Méthode turbidimétrique de tetraphényl borate	

3.2 - Caractérisation de la bouse de la vache et des digestats

3.2.1 - Echantillonnage

C'est les bouses de vache des différents sites fraichement laissées qui ont été collectées puis analysées.

Quant aux digestats ils ont été prélevés dans la fosse à compost et mis dans des sacs au niveau de chaque site après un mois de leur introduction dans le bio digesteur. On a procédé par la suite au triage et au pesage afin de les débarrasser des débris végétaux, cailloux, bois etc…

3.2.2 - Analyses parasitologiques de la bouse de vache et des digestats

Les analyses parasitologues de la bouse de vache et des digestats ont été déterminées par les méthodes DIRECTES et KATO-CAR (Reference Guide laboratoire de l'OMS) au laboratoire de l'hôpital Régional de Faranah.

Dans le tableau 14 sont décrites les méthodes de KATO et DIRECTES utilisées ;

Tableau 14 : Méthodes d'analyse des paramètres parasitologiques de la bouse de vache et des digestats

N°	Méthodes	
	KATO	**DIRECTE**
1	Faire tremper des bandes de cellophane dans le réactif de catho pendant au moins 24h	Sur une lame, déposer : -une goutte de soluté physiologique au milieu de la moitié gauche -une goutte de Lugol au milieu de la moitié droite
2	Les égoutter avant usage	Prendre avec un applicateur un petit morceau de selles (de ce volume : forme 0 environ)
3	Les déposer une petite noisette sur une lame	Mélanger l'échantillon de selles à la goutte de soluté physiologique
4	Appliquer dessus une bande de cellophane	A l'aide de l'applicateur, prendre un 2ième échantillon de selles et le mélanger à la goutte de Lugol
5	Retourner et appuyer le montage sur du papier filtre	Recouvrir chaque préparation d'une lamelle
6	Laisser une heure au montage sur du papier filtre	Inscrire au stylo le numéro de l'échantillon sur la lame
7	Lire sans attendre avec l'objectif 10x puis 40x	Examiner les préparations au microscope avec l'objectif 10x puis 40x

3.2.3 - Paramètres physico-chimiques de la bouse de vache et des digestats

Au laboratoire Central Vétérinaire de Diagnostic (LCVD), il a été analysé les paramètres physico-chimiques de la bouse de vache et des digestats qui sont : Humidité (%), Matière sèche (%), Azote assimilable (%), Ammoniac (NH3) en mg/g, pH ($_{\text{H2O}}$), Température °C, Coliformes fécaux, Entérocoques fécaux, Salmonelles et les références des méthodes utilisées sont indiquées dans le tableau 15.

Tableau 15 : Méthodes d'analyse des paramètres physico-chimiques de la bouse de vache et des digestats

N°	PARAMETRES	METHODES	REFERENCE DES METHODE
1	Humidité (%)	A l'étuve à 110°C pendant 24 heures	NF V18-109
2	Matière sèche (%)		NF V 18-109
3	Azote assimilable (%)	Méthode de réduction du cadmium	ISO 5663
4	Ammoniac (NH3) en mg/g	Guide laboratoire (protocole de J.E marsden 1992	Décision 95/149/CE du 08 Mars 1995
5	pH (H2O)		pH-mètre HANA
6	Température °C		Thermométrie
7	Coliformes fécaux		ISO 4832 (1992)
8	Entérocoques fécaux		ISO 16649-2(1992)
9	Salmonelles		ISO-6579 (1992)

3.2.4 - Paramètres agro-chimiques de la bouse de vache et des digestats

Les paramètres agro-chimiques de la bouse de vache et des digestats qui ont fait l'objet d'analyse et les méthodes utilisées sont déclinées dans le tableau 16.

Tableau 16 : Méthodes d'analyse des paramètres agro-chimiques de la bouse de vache et des digestats

N°	PARAMETRES	PRINCIPE DE LA METHODE	REFERENCE DES METHODES
1	Capacité d'Echange Cationique	Echange réalisé par une solution normale de chlorure de calcium tamponnée à pH = 7.00 suivis d'un lessivage par une solution de nitrate de potassium en excès et dosage du calcium par complexométrie	Méthode /ORSTOM (1988)
2	Somme des bases échangeables	Extraction réalisée par une solution d'acétate d'ammonium 1N tamponnée à pH = 7.00 en excès et dosage des éléments par titrimétrie	NF X 32-108
3	Taux de saturation en bases	Calcul sur la base de CEC et somme des bases échangeables	Par calcul

4	Phosphore assimilable (P_2O_5)	Extraction par l'oxalate d'ammonium et dosage par spectrophotométrie	NF X 31-161
5	Potassium assimilable (K_2O)	Extraction par Melich et dosage spectrophotométrique	Méthode adaptée de MA.315 P 2.0 (2011)
6	Demande chimique en oxygène (DCO)	Oxydation par le dichromate de potassium et tirage par le sulfate double de fer et d'ammonium	Méthode adaptée de MA.315-DCO 1.1(2016)
7	Cuivre, (meq/100g)	Attaque à l'eau régale et dosage par spectrophotométrie des différents éléments.	
8	Fer total, (meq/100g)		
9	Nickel, (meq/100g)		NF-ISO 11466
10	Plomb, (meq/100g)		
11	Zinc, (meq/100g)		

3.3 - Caractéristiques des essais

Deux essais ont été réalisés dans la station expérimentale du département d'Agriculture de l'ISAV. Nous avons utilisé pour chacun d'eux un BCR à 4 blocs et quatre variantes qui sont DDa, DDi, DDFa et Témoin. Les digestats ont été appliqués à la même dose 12,5t/ha, chaque essai comprend 16 parcelles élémentaires de dimensions parcellaires de 3mx3, 6m pour le maïs et 3mx3, 4m pour le haricot.

Les caractéristiques des essais et du semis sont consignées dans le tableau 17 et illustrées par les schémas 1 et 2.

Tableau 17 : Caractéristiques des essais de maïs et de haricot

N°	PARAMETRES	Dimensions	
		Maïs	Haricot
	CARACTERISTIQUES DU CHAMP DES ESSAIS		
1	Longueur (m)	21,40	20,00
2	Largeur (m)	17,20	17,20
3	Superficie totale (m^2)	368,08	344,00
4	Superficie réellement exploitée (m^2)	172,8	163,20
5	Zone de défense externe (m)	2	2
6	Nombre de blocs	4	4
	PARCELLES ELEMENTAIRES		
8	Longueur (m)	3,60	3,40
9	Largeur (m)	3	3
10	Superficie (m^2)	10,80	10,20
11	Distance entre les blocs (m)	1	0,80
12	Distance entre les parcelles élémentaires (m)	0, 4	0, 4
13	Largeur de la zone de défense interne (m)	0,4	0,4
	SEMIS		
14	Distance entre les lignes (*cm*)	75	50
15	Distance entre plants (*cm*)	40	20
16	Aire nutritionnelle (m^2)	0, 40	0, 10
17	Nombre de graines/poquet	2	3
18	Nombre de poquets/parcelle	36	102
19	Nombre de graines/parcelle	72	135
20	Nombre de graines/bloc	288	540
21	Nombre de graines de l'essai	1152	2160
22	Nombre de plants par parcelle	36	102
23	Nombre de plants par bloc	144	408
24	Profondeur de semis (*cm*)	5	5
25	Nombre de lignes par parcelle	4	6
26	Nombre total de plants de l'essai	576	1632

SCHEMA 1 : DISPOSITIF EXPERIMENTAL POUR LA CULTURE DU MAÏS

17, 20m

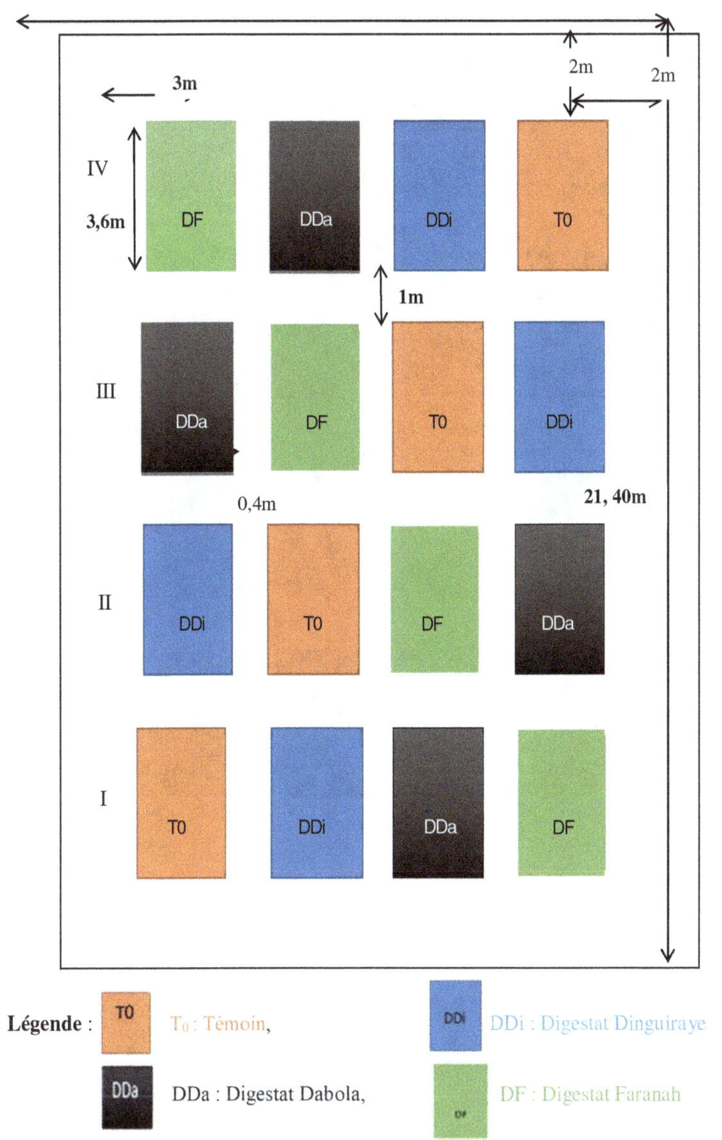

Légende :

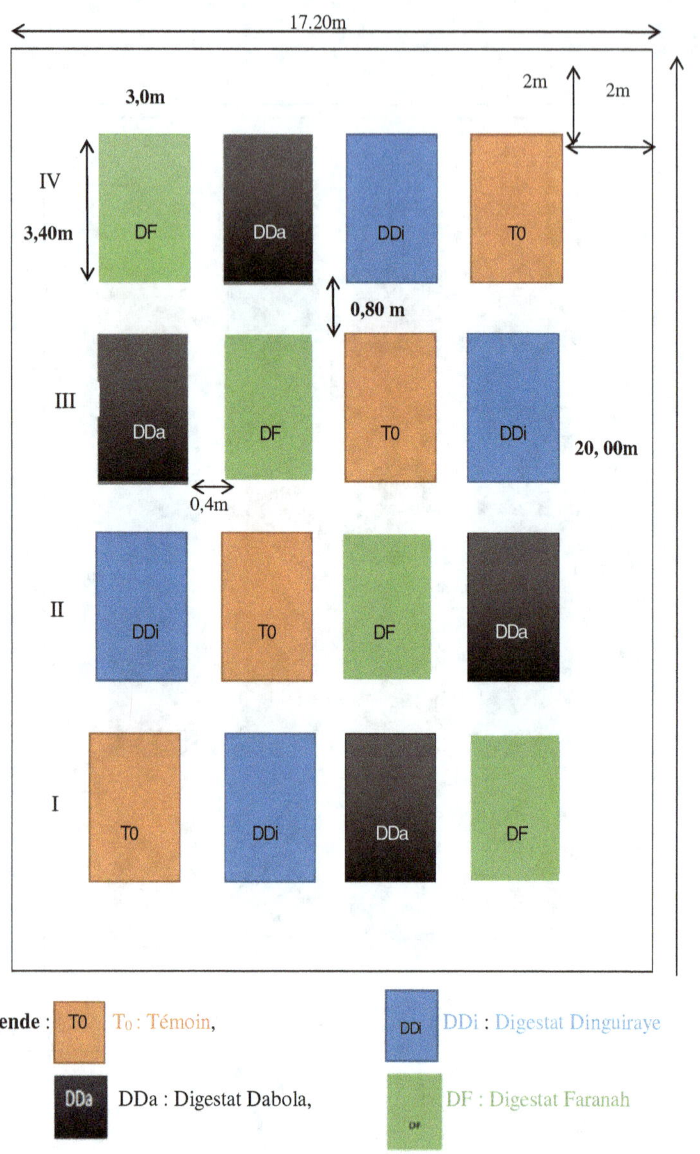
17.20m
3,0m
2m
2m
IV
3,40m
DF
DDa
DDi
T0
0,80 m
III
DDa
DF
T0
DDi
20, 00m
0,4m
II
DDi
T0
DF
DDa
I
T0
DDi
DDa
DF
Légende :
T0
T0 : Témoin,
DDi
DDi : Digestat Dinguiraye
DDa
DDa : Digestat Dabola,
DF
DF : Digestat Faranah

3.4 - Caractéristiques du matériel végétal utilisé

Pour la réalisation des essais nous avons utilisé des graines du maïs et du haricot comme matériel végétal

3.4.1 - Le maïs *(Zea mays)*

La variété Espoir qui a servi de matériel végétal a été fournie par l'ANPROCA de Faranah.

C'est une variété améliorée qui provient du Burkina Faso, son pouvoir germinatif est de 99%, de pureté, son cycle végétatif varie de 80-95jours et son rendement est de 2000-5000kg/ha.

3.4.2 - Le haricot *(phaseolus vulgaris)*

Le haricot qui a été utilisé comme matériel pour le second essai a été obtenu au centre de Recherche Bareng de Pita, avec un pouvoir germinatif de 100% et une pureté de 99%. La variété est la GPL 190 de couleur blanche et dont la hauteur moyenne est 45cm, le cycle végétatif de 60 jours et le rendement de 1500-2000kg/ha.

3.5 – Caractéristiques biochimiques des grains du maïs et du haricot

Au niveau du Laboratoire Central Vétérinaire de Diagnostic (LCVD), il a été analysé les paramètres biochimiques des grains du maïs et du haricot après récolte qui sont : Humidité (%), Matière sèche (%), Protéines (%), Matières grasses (%), Matière minérale (%), Cellulose brute (%). Les méthodes ainsi les références des méthodes utilisées sont indiquées dans le Tableau 18.

Tableau 18 : Méthodes d'analyse des paramètres biochimiques des grains du maïs et du haricot

N°	PARAMETRES	METHODES	REFERENCE DES METHODES
1	Humidité, (%)	A l'étuve à 35°C à 12heures	NF V18-109
2	Matière sèche, (%)	Par calcul	NF V 18-109
3	Protéines, (%)	KJELDAHL AOAC 979.09	ISO 5983 : 1997(F)-11-01
4	Matières grasses, (%)	Spectrométrique avec	NF V18-117 (2010)
5	Matière minérale, (%)	l'acide sulfosalicylique	NF V18-101 (2010)
6	Cellulose brute, (%)	labs AFSCA	OAC 2017

- Les paramètres biométriques du maïs et du haricot, ont été déterminés, par :
- dénombrement : Nombre de grains par épi, nombre lignes par épis, nombre de gousses par plant, nombre de graines par gousse.
- mesure, hauteur des plants au début de floraison, hauteur des plants à la récolte ; vitesse de Croissance, (cm/jour).
- pesage : Poids de 1000 grains (gramme) ; après comptage et pesage des grains sur une balance de marque « Sarzani » d'un g de précision et le rendement (t/ha) déterminé par pesage des grains récoltés après séchage à 14% au soleil et vannage ;

Les résultats des analyses biométriques ont été soumis à l'analyse de variance (ANOVA) et la comparaison des moyennes par le test de la PPDS aux seuils de 5 et 1% à l'aide du logiciel d'analyse biostatistique GenStat 12eme édition.

3.6 – Observation phytosanitaires

Les observations phytosanitaires sur les deux essais ont porté sur l'identification des adventices, des maladies et des ennemis. Elles ont été macroscopiques.

La formule de L. Roger fut utilisée pour la détermination du pourcentage d'attaque.

$$P\% = n/N \times 100.$$

Où :

P% : pourcentage d'attaque ;

n : nombre de plants attaqués ;

N : nombre de plants mis en observation ;

100 : facteur d'expression en pourcentage.

CHAPITRE IV : RESULTATS ET DISCUSSION

CHAPITRE IV : RESULTATS ET DISCUSSION

4.1- Résultats

Dans cette rubrique les résultats des paramètres communs à la culture de maïs et de haricot sont consignés dans les tableaux de 19 à 24, tandis que les résultats des paramètres spécifiques à la culture de maïs sont donnés dans les tableaux de 25 à 31, ceux spécifiques au haricot sont dans les tableaux de 32 à 38.

4.1.1- Paramètres communs à la culture du maïs et du haricot

4.1.1.1- Analyses parasitologiques, microbiologiques, chimiques et physico-chimiques de la bouse de vache et digestats.

Tableau 19 : Analyses parasitologiques de la bouse de vache et des digestats

Provenances	Echantillons	Résultats
DABOLA	Bouse de vache	Œufs d'ankylostomes
		Négatif
	Digestat	Œufs d'ascaris
		Négatif
FARANAH	Bouse de vache	Négatif
		Négatif
	Digestat	Négatif
		-Œufs de schistosoma mansoni ; -Larves d'anguillule
DINGUIRAYE	Bouse de vache	Négatif
		Négatif
	Digestat	Négatif
		Larves d'anguillule

Les résultats indiquent que dans les échantillons prélevés à Dabola, on note la présence des œufs d'ankylostomes dans la bouse de vache et d'ascaris dans le digestat, alors qu'à Faranah, on a dans le digestat des œufs de schistosoma mansoni et des larves d'anguillule. A Dinguiraye il y'a la présence des larves d'anguillule dans le digestat.

Tableau 20 : Analyses microbiologiques de la bouse de vache et des digestats

Paramètres	Faranah		Dabola		Dinguiraye	
	Bouse de Vache	Digestat	Bouse de vache	Digestat	Bouse de Vache	Digestat
Coliformes fécaux	10^6/g	10^4/g	$2,10^7$/g	$3,10^4$/g	$5,10^7$/g	$2,10^6$/g
Entérocoques fécaux	$81,10^2$/g	10^4/g	$98,10^2$/g	$2,10^2$/g	Abs/g	$3,10^5$/g
Salmonelles	Absence dans 25g	Absence dans 25g	Présence dans 25g	Absence dans 25g	Absence dans 25g	Présence dans 25g

Le tableau 20 indique que la quantité de coliformes fécaux est plus élevée dans les bouses de vache que dans les digestats pour l'ensemble des échantillons. Pour les entérocoques fécaux, la quantité est plus élevée dans le digestat de Faranah par rapport à la bouse de vache, pour la même préfecture et inversement au niveau de Dabola. La présence des salmonelles n'a été constatée que dans la bouse de vache de Dabola et le digestat de Dinguiraye. Ainsi une protection sérieuse dans la manipulation de ces différents échantillons est nécessaire.

Tableau 21 : Analyses chimiques de la bouse de vache et des digestats

Paramètre	Unité	Faranah		Dabola		Dinguiraye	
		Bouse Vache	Digestat	Bouse Vache	Digestat	Bouse Vache	Digestat
CEC	Meq/100g MS	0,23	0,35	0,36	0,22	0,24	0,28
Somme des bases	Meq/100g MS	0,60	8,24	7,85	8,25	7,47	7,80
Taux de saturation en base	%	38,33	0,24	4,58	2,66	3,21	3,58
Phosphore assimilable (P_2O_5)	g/Kg MS	1,78	2,56	2,05	4,05	3,75	4,45

Potassium assimilable (K_2O)	g/Kg MS	7,21	9,55	7,22	8,89	6,90	8,75
Demande chimique en (DCO)	Eq, O2/Kg MB	56	67	45	48	51	54
Cuivre (Cu)	Mg/Kg MB	0,75	1,23	0,77	0,98	1,05	1,45
Fer (Fe)	Mg/Kg MB	3,40	4,12	3,45	5,03	4,56	5,32
Nikel (Ni)	Mg/Kg MB	0,05	0,08	0,09	1,06	0,06	0,09
Plomb (Pb)	Mg/Kg MB	2	3	4	6	2	3
Zin (Zn)	Mg/Kg MB	3,36	4,67	3,75	5,12	4,02	6,22

Dans le tableau 21, en général le taux de saturation en base est plus élevé dans la bouse de vache que dans le digestat. Quant aux phosphores et potassium assimilable, les quantités sont plus élevées dans le digestat que dans la bouse de vache pour l'ensemble des échantillons. Pour les métaux, les teneurs sont toujours plus élevées dans le digestat que dans la bouse de vache.

Dans le tableau 22, les caractéristiques physico-chimiques de la bouse de vache et des digestats ont été portées

Tableau 22 : Analyses physico -chimiques des bouses de vache et des digestats

Paramètres	Dabola		Faranah		Dinguiraye	
	Bouse de Vache	Digestat	Bouse de Vache	Digestat	Bouse de Vache	Digestat
Humidité, %	77,04	70,01	76,73	50,55	78,98	72,59
Matière sèche, %	22,96	29,99	23,27	49,45	21,02	27,41

Ammoniac / NH3, (gN/g)	1,53	0,09	2,87	0,11	1,89	0,08
pH	6,80	6, 07	6,47	3,86	7,30	6,62
Température (°C)	27,6	27,5	27,3	27,5	27,4	27,3

Le tableau 22 montre que le digestat et la bouse de vache de Faranah ont les teneurs les plus élevées en matière sèche et en ammoniac tandis que ceux de Dinguiraye ont les valeurs plus faibles. Le pH est légèrement acide sauf pour le digestat de Faranah où il est fortement acide. La bouse de vache de Dinguiraye est légèrement basique

4.1.1.2 - Données météorologiques

Elles ont été recueillies dans la station météorologique de l'ISAVVGE/Faranah, situé dans l'enceinte du champ expérimental et présentent comme suit.

- Température moyenne : 24 ,33^{0}C

- La vitesse moyenne du vent : 0 ,88m/s

- L'humidité relative moyenne : 84,63%

- La pluviométrie moyennes est de : 297,92mm en 91 jours de pluie

Durant la période de l'essai les données obtenues sont consignées dans le tableau 23

Tableau 23 : Données météorologiques

Mois	Température (°C)		Humidité relative (%)		Pluviométrie		Vent	
	Min	Max	Mini	Max	Quantité (mm)	Nombre de jours	Vitesse (m/s)	Direction
Juillet	23,84	24,48	82,53	83,68	421,32	20	0,99	SSW
Aout	23,77	24,43	87, 13	88,18	280,50	24	1,00	SW
Septembre	23,91	24,61	88,17	89,29	339,50	29	0,87	SSW
Octobre	24,73	25,49	85,63	86,82	198,80	18	0,59	SSE
Moyenne	24,16	24,49	84,08	85,17	-	-	-	-
	24,33		84,63		297,92	-	0,88	-

Les données météorologiques ont été favorables à la culture du maïs et du haricot

4.1.1.3- Observations phytosanitaires

Tableau 24 : Adventices rencontrées dans les essais.

N°	Noms scientifiques	Familles
1	*Cyperus rotundus (L)*	Cypéracées
2	*Cassia obtusifolia*	Caesalpiniacees
3	*Boerhavia diffusa*	Nyctaginacées
4	*Corchorus olitorius*	Tiliacecées

Ces adventices ont été contrôlés par le sarclo-binage

L'attaque des plants par les insectes *(chenille)* a été observée pendant la paniculation, avec des dégâts au seuil de 3% pour le maïs et 5% pour le haricot. Une lutte mécanique a été faite,

4.1.2 - Données spécifiques du maïs

4.1.2.1 - Analyses physico-chimiques, agrochimiques et chimiques du sol

Les caractéristiques physico-chimiques, agrochimiques et chimiques du sol sont portées dans les tableaux 25, 26 et 27.

Tableau 25 : Analyses physico-chimiques du sol d'expérimentation du maïs

Horizons/Ech antillons	Granulométrie, (%)					Texture	Densité, (g/cm^3)		pH (H_2O)	Porosité, (%)
	A	L_f	L_g	S_f	S_g		App	Réelle		
A	15,6	6,0	6,0	28,8	43,0	S. L	1,41	2,50	6,6	43,60
B	31,6	4,0	6,0	23,0	35,0	L.A	1,90	2,39	5,0	20,50
Composites A	17,6	4,0	6,0	23,8	43,0	L.S	1,97	2,13	6,7	7,51
Composites B	23,6	2,0	2, 0	28,8	43,0	L.A. S	2,0	2,33	5,8	14,16

Le tableau 25 montre que le sol de l'essai a une densité apparente élevée dans tous les échantillons sauf pour l'horizon A où elle est relativement faible, la texture est sablo-limoneuse en A et limono-argileuse en B, la porosité est faible et le sol a une acidité forte en profondeur et légère dans les horizons superficiels. On constate une teneur moyenne en argile dans l'horizon B.

Tableau 26 : Analyses agrochimiques des échantillons du sol d'expérimentation du maïs

Horizons/Echantillons	Azote assimilable (NO_3) en mg.kg^{-1}	Phosphore assimilable (P_2O_5) en mg.kg^{-1}	Potassium assimilable (K_2O) eq/100g de sol
A	4,00	-	
B	12,00	6,60	0,22
Composites A	8,00	61,58	
Composites B	4,00	10,99	

Les résultats d'analyses agrochimiques prouvent que le sol est pauvre en azote, phosphore et potassium assimilables, ce qui montre la nécessité d'améliorer la qualité des sols en passant par la valorisation des digestats.

Tableau 27 : Analyses chimiques du sol de l'essai de maïs

Horizons/ Echantillons	C %	M O %	Nt %	C/ N	Ca++ (méq/100g)	Mg++ (méq/100g)	K_2O ass (méq/100g)	Na+ (méq/100g)	Al+++ (méq/100g)	CEC (méq/100g)	S (méq/100g)	V %
A	1,70	2,92	0,146	11,64	6,22	3,15	0,26	2,01	1,4	14,0	12,6	90
B	0,37	0,63	0,03	12,33	5,17	2,88	0,28	1,45	19,6	13,0	8,8	67
Composite A	1,72	2,92	0,17	10,11	7,37	3,69	0,32	2,25	0,1	16,6	12,4	74
Composite B	0,62	1,07	0,053	11,69	8,111	4,34	0,43	2,18	26,6	19,6	16,8	85

Le tableau 27 indique que le sol est pauvre en matière organique en profondeur et moyennement riche en surface. Le rapport C/N indique que la minéralisation est bonne. Le taux de saturation en bases est très élevé dans les horizons superficiels, l'échantillon composite B et moyen élevé au niveau de l'échantillon composite A et l'horizon B.

De l'ensemble des échantillons se justifie par l'échelle utilisée pour sa détermination.

4.1.2.2 - Observations phénologiques

Les résultats obtenus se trouvent consignés dans le tableau 28

Tableau 28 : Durée des différents phénophases de la culture du maïs en jours après semis

Variante	Levée			Stade de trois Feuilles			Paniculation			Epiaison			Maturation			Cycle
	D	F	d	D	F	d	D	F	d	D	F	d	D	F	d	
T0	3^e	3^e	1	5^e	6^e	2	52^e	57^e	5	50^e	57^e	8	92^e	94^e	3	
DDa	3^e	3^e	1	5^e	6^e	2	49^e	56^e	8	50^e	57^e	8	92^e	92^e	1	94jours
DF	3^e	3^e	1	5^e	6^e	2	49^e	56^e	8	50^e	57^e	8	92^e	92^e	1	
DDi	3^e	3^e	1	5^e	5^e	1	49^e	56^e	8	50^e	57^e	8	92^e	92^e	1	

Date de semis : 10/07/2018

Légende : D : début ; **F** : Fin ; **d** : durée

L'analyse de ce tableau nous montre que :

- Le début de la levée a été constaté au 3eme jour après semis au niveau toutes les variantes ;
- Le début et la fin du stade de trois (3) feuilles a été uniformes pour toutes les variantes.
- Le début et la fin de la paniculation ont été uniformes au niveau de DDa, DDi et DF, exception pour la variante To.

- Le début de l'épiaison a été uniforme pour toutes les variantes et la fin au niveau de To, DDa et DDi sont uniforme excepté la variante DF.
- Le début de la maturation a été uniforme pour toutes les variantes

4.1.2.3 – Evaluation biométriques

L'effet agronomique du digestats produits à partir de déjections bovines des trois préfectures a été observé à travers la vitesse moyenne de croissance journalière (VMCJ) et la hauteur moyenne des plants à la récolte (HMPR). Les moyennes de ces paramètres sont illustrées sur la figure 8

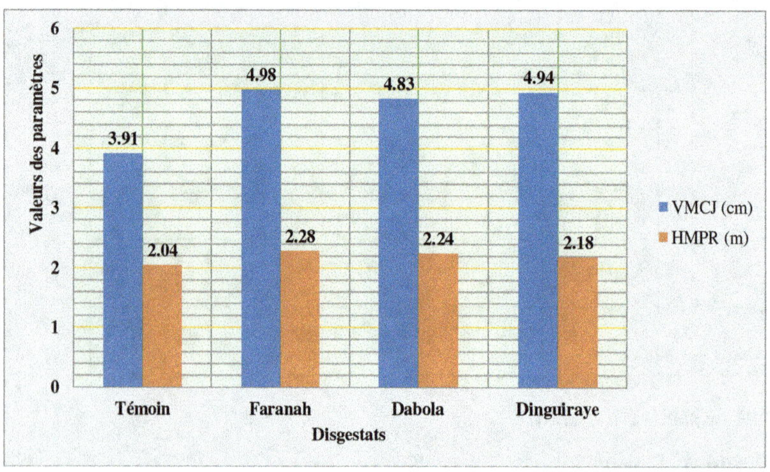

Figure 8 : Effet des digestats sur la vitesse de croissance et la hauteur des plants à la récolte du maïs

Cette figure montre que le digestat de Faranah marque une plus forte croissance par rapport au témoin (4,98cm/jour contre 3,91 cm/jour) et les autres digestats ont donné les valeurs intermédiaires. Quant à la hauteur des plants, le digestat de Faranah a donné des plants de taille supérieure (2,28m) et les autres ont donné des plants de taille inférieure (de 2,04 à 2,24m).

La figure 9 montre la variation du rendement en fonction des variantes.

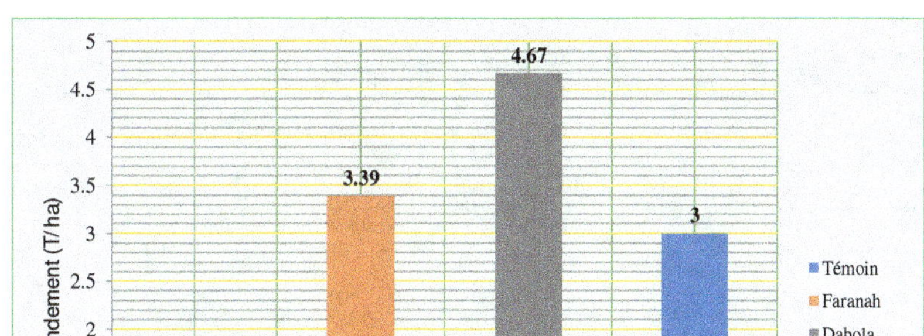

Figure 9 : Effet des digestats sur le rendement moyen en t/ha du maïs

De cette figure, on remarque que le rendement le plus élevé a été fourni par le digestat en provenance de Dabola (4,67t/ha) suivi de celui de Faranah (3,39t/ha) et Dinguiraye (3t/ha) suite à l'amélioration de la qualité du sol. Le témoin a donné le plus faible rendement (1,62t/ha).

4.1.2.4 - Synthèse de l'analyse de variance des paramètres étudiés

La synthèse de l'analyse de variance des paramètres étudiés apparait dans le tableau 29.

Tableau 29 : Synthèse des analyses de variance du maïs

Source de variation	Ddl	F calculé							Théorique	
		VMCJ	HMPR	LME	NMGR	NMRE	PMG	Rdt	5%	1%
Répétition	3	0,76NS	2,33NS	0,37NS	1,81NS	0,10NS	1,31NS	1,37NS	3,86	6,99
Digestat	3	3,80NS	3,06NS	22,39**	40,49**	6,40*	2,09NS	6,16*	3,86	6,99
Résiduelle	9									
CV(%)	-	11,2	5,5	9,1	2,51	1,07	8,4	31,9	-	-

F : Critérium de Fisher ; VMCJ : Vitesse Moyenne de Croissance Journalière ; HMPR : Hauteur Moyenne des Plants à la Récolte ; LME : Longueur Moyenne des Epis ; NMGR : Nombre Moyen de Grains par Rangé ; NMRE : Nombre Moyen Rangé par Epais ; PMG : Poids de Mille Grains ; Rdt : Rendement ; NS : Non significatif ; (*) Significatif ; (**) hautement significatif.

Ce tableau montre qu'au niveau des répétitions la différence est non significative pour tous les paramètres étudiés, ce qui prouve que le sol est homogène du point de vue fertilité. Au niveau des traitements (digestats) la différence non significative pour la VMCJ, le PMG et la HMPR, significative pour le NMRE, le Rendement et hautement significative pour la LME et le NMGR. Cela prouve que le digestat issu des déjections bovines d'origine différente appliquée à la dose de 12,5t/ha a positivement influencé la fertilité du sol. Avec un coefficient de variation qui varie entre 1,07 et 31,9% soit moyenne de 9,95%, (inférieure à 15%), on peut dire que l'essai est d'une bonne précision.

4.1.2.5 - Comparaison des moyennes

La comparaison des moyennes par le test de la PPDS est consignée dans le tableau 30.

Tableau 30 : Comparaison des moyennes des paramètres de production

Digestat	VMCJ (Cm)	HMPR (m)	LME (cm)	NMGR	NMRE	PMG (g)	Rdt (t/ha)
Témoin	3,91[a]	2,04[a]	9,96[a]	19,25[a]	11,97[a]	175,30[a]	1,62[a]
Faranah	4,98[b]	2,28[b]	16,56[b]	28,80[b]	13,76[b]	199,40[a]	3,39[b]

Dabola	4,83[b]	2,24[a]	15,94[b]	29,93[b]	13,38[b]	196,40[a]	4,67[b]
Dinguiraye	4,94[b]	2,18[b]	16,20[b]	28,90[b]	13,78[b]	199,50[a]	3,00[a]
PPDS 0,05	0,829	0,187	2,124	2,513	1,073	25,849	1,613

PPDS : Plus Petite Différence Significative ;

Ce tableau de comparaison des moyennes montre que l'origine des digestats a influencé positivement toutes les composantes du rendement (longueur moyenne des épis, nombre moyen de grains par rangée, nombre moyen de rangées par épi) excepté le poids de mille grains où il n'y a pas eu de différence significative entre les digestats. Quant aux paramètres de croissance (vitesse moyenne de croissance journalière, hauteur moyenne des plants à la récolte) et le rendement, les digestats ont présenté des effets significatifs en fonction de leur provenance.

4.1.2.6 - Analyses biochimiques des grains du maïs

Les résultats de l'analyse biochimique des grains sont donnés dans le tableau 31.

Tableau 31 : Analyses biochimiques des grains du maïs

Variante	Humidité, (%)	Matière sèche, (%)	Protéine, (%)	Matière grasse, (%)	Matière minérale, (%)	Cellulose brute, (%)
T0	6,61	93,39	5,70	0,71	1,43	4,91
DFa	6,67	93,33	6,03	0,92	1,49	3,77
DDa	6,63	93,37	6,60	0,91	1,48	4,68
DDi	6,95	93,05	5,70	0,77	1,50	4,23

T0 : Témoin sans digestat ; DFa : Digestat Faranah ; DDa : Digestat Dabola ; DDi : Digestat Dinguiraye.

La fluctuation de la teneur en cellulose brute est plus forte entre les variantes que celle de la teneur en matière minérale. Les autres paramètres (humidité, matière sèche et matière grasse) présentent des fluctuations intermédiaires.

4.1.3 - Données spécifiques du haricot

IV.1.3.1 - Analyses physico-chimiques, agrochimiques et chimiques du sol

Pour le haricot, les résultats des analyses physico-chimiques, agrochimiques et chimiques de sol sont portés dans les tableaux 32 à 34

Tableau 32 : Analyses physico-chimiques du sol de l'essai du haricot

Horizon/ Echantillon	Granulométrie					Texture	Densité (g/cm³)		pH (H₂O)	Porosité (%)
	A	Lf	Lg	Sf	Sg		App	Réelle		
A	15,6	4,0	6,0	29,7	44,6	S. L	1,54	2,42	6,5	36,36
B	27,6	2,0	4,0	26,5	39,6	L.A. S	1,97	2,42	5,7	18,59
Comp A	13,6	6,0	4,0	30,0	46,0	L.S	1,91	2,50	6,8	23,6
Comp B	21,6	6,0	4,0	27,0	41,0	S. L	1,91	2,41	5,2	20,74

Dans le tableau 32 nous constatons que le sol du boc 15 sur lequel le haricot a été cultivé est caractérisé par une texture sablo-limoneuse en surface, limono-argilo-sableuse en profondeur. Malgré que le taux de sable fin et grossier soit considérable, la porosité reste faible au niveau de ce sol et la densité apparente élevée dans tous les échantillons sauf pour l'horizon A. Quant au pH le sol est fortement acide dans les horizons B et légèrement acide dans les horizons superficiels.

Tableau 33 : Analyses chimiques du sol de l'essai du haricot

Horizon/Echantillon	C%	MO %	Nt %	C/N	Ca++ (méq/10g)	Mg++ (méq/100g)	K₂O ass (méq/100g)	Na+ (méq/100g)	Al+++ (méq/100g)	CEC (méq/100g)	S (méq/100g)	V %
A	1,97	3,38	0,17	11,58	4,95	3,05	0,23	1,7	12,7	12,0	9,2	76
B	1,47	2,52	0,15	9,80	6,71	3,34	0,30	1,91	22,4	15,1	9,5	62

| Comp A | 1,59 | 2,75 | 0,14 | 11,35 | 4,85 | 3,02 | 0,28 | 1,12 | 4,2 | 11,8 | 9,0 | 76 |
| Comp B | 1,95 | 3,35 | 0,167 | 11,67 | 6,8 | 3,73 | 0,35 | 1,75 | 21,0 | 15,8 | 10,2 | 64 |

Les données consignées dans tableau **33** montre que le sol a une teneur élevée en matière organique au niveau de A et l'échantillon composite B, le rapport C/N aussi montre que la matière organique est bien minéralisée et le sol a un taux de saturation en base plus élevé en A que dans l'horizon B.

Tableau 34 : Analyses agrochimiques des échantillons du sol de l'essai du haricot

Horizons	Azote ass (NO_3) en mg/kg^{-1}	Phosphore ass (P_2O_5) en mg/kg^{-1}	Potassium ass (K_2O) meq/100g
A	4,00	6,60	
B	4,00	13,20	
Composite A	8,00	16,50	**0,22**
Composite B	6,00	15,38	

Les résultats du tableau 34 indiquent que le sol du site de l'essai est pauvre en élément majeurs azote, phosphore et potassium assimilables, d'où la nécessité d'améliorer le site par apport de nutriments complémentaires.

4.1.3.2 - Observations phénologiques du haricot

Tableau 35 : Durée des différentes phénophases en jours après semis du haricot

Variante	Dates de semis	Levée			Stade de 3 Feuilles			Floraison			Fructification			Maturation			Cycle
		D	F	d	D	F	d	D	F	d	D	F	d	D	F	d	
DDa	10/ 06/ 18	4^e	6^e	3	10^e	12^e	3	25^e	28^e	4	32^e	34^e	3	56^e	60^e	5	60 jours
DDi		4^e	5^e	2	10^e	12^e	3	25e	27^e	3	32^e	34^e	3	56^e	59^e	4	
DF		4^e	6^e	3	10^e	12^e	3	25^e	30^e	6	32^e	34^e	3	56^e	60^e	5	
To		4^e	7^e	4	10^e	12^e	3	25^e	30^e	6	32^e	34^e	3	56^e	59^e	4	

Légende : D = début ; **F** = Fin ; **d** = durée

Les observations phénologiques ont porté essentiellement sur les phénoplastes suivants : la levée, le stade de 3 feuilles, la floraison, la fructification et la maturation.

L'analyse de ce tableau nous montre que :

- Le début et la fin de la levée, le stade de trois (3) feuilles et la fructification ont été uniforme au niveau de toutes les variantes,

- Le début de la floraison a été uniforme au niveau de toutes les doses, contrairement à la fin, bb

- Le début de la maturation a été uniforme au niveau de toutes les variantes et les doses DDa et DF ont été aussi uniformes à la fin excepté la DDi et DF.

4.1.3.3 - Observations phytosanitaires

Au cours de l'essai nous avons constaté l'attaque des plants par les rongeurs (les Coccinelles, escargots) pendant la levée. Cependant une lutte mécanique a été faite (le ramassage à chaque observation sur les plants). Ce qui a réduit le seuil d'attaque à 5%.

Les adventices ont été contrôlés par le sarclo-binage répété.

4.1.3.4 - Evaluations biométriques

Les résultats obtenus des évaluations biométriques apparaissent dans les Figures10, 11 et 12.

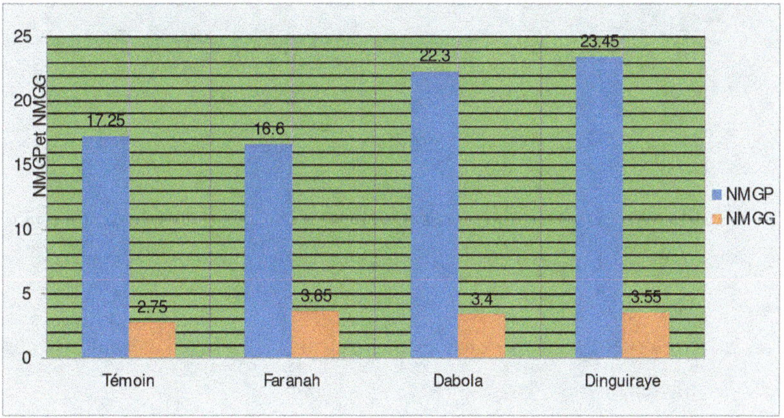

Figure 10 : Effet des digestats sur le nombre moyen de graines par gousse (NMGG) et Nombre moyen de gousses (NMGP) par plant du haricot

Cette figure montre que le digestat de Dinguiraye a fourni le plus grand nombre de gousses par plant (23,45) par rapport à Faranah (16,6) et les autres digestats ont donné des valeurs intermédiaires. Cela dénote que le digestat de Faranah à une acidité très forte.

Quant au nombre moyen de graines par gousse, le digestat de Faranah a donné le plus grand nombre de graines (3,65 contre 2,75 pour le témoin) et les autres ont donné des valeurs intermédiaires.

Nous pourrons dire que l'augmentation de nombre de gousses par plant n'est pas proportionnelle à celle du nombre de graines par gousse.

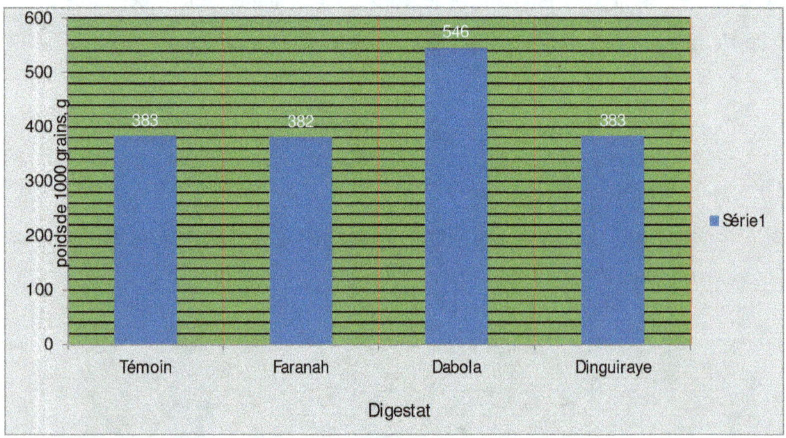

Figure 11 : Effet des digestats sur le poids de 1000 graines du haricot

De cette figure, on remarque que le digestat de Dabola a fourni le plus grand poids de 1000 graines par rapport au digestat Faranah (546g contre 382g) et les autres digestats ont donné les valeurs intermédiaires. Cela s'explique

Par le fait que le digestat de Dabola contient plus d'éléments nécessaires qui favorisent le remplissage des graines.

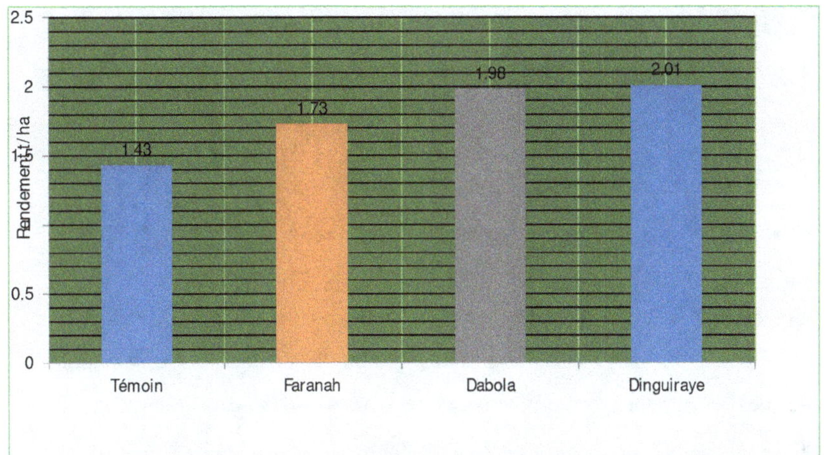

Figure 12: Rendement moyen en t/ha du haricot

De cette figure, on remarque que le plus grand rendement a été fourni par le digestat de Dinguiraye (2,01t/ha) suivi du celui de Dabola (1,98t/ha). Le témoin a donné le plus faible rendement (1,43t/ha).

4. 1. 3. 5 - Synthèse de l'analyse de variance des paramètres étudiés

La synthèse de l'analyse de variance des paramètres étudiés apparait dans le tableau 36.

Tableau 36 : Synthèse des analyses de variance (ANOVA) des paramètres du haricot

Source de variation	ddl	F. Calculé des paramètres					F théorique	
		HMPR	NMGG	NMGP	PMG	Rdt	5%	1%
Total	15	-	-	-	-	-	-	-
Répétition	3	3,26NS	0,58NS	0,63NS	0,80NS	5,03*	3,86	6,99
Digestat	3	6,68*	3,98*	3,54NS	0,14NS	5,06*	3,86	6,99
Résiduelle	9							
CV (%)		16,1	0,64	5,91	11,20	13,30	-	-
CVM (%)		9,43						

HMPR : Hauteur Moyenne des Plants à la Récolte ; NMGG : Nombre Moyen de Grains par Gousse ; NMGP : Nombre Moyen de Gousse par Plant ; PMG : Poids de Mille Grains ; Rdt : Rendement ; NS : Non significatif ; (*) Significatif. F : Critérium de Fisher ; CV : Coefficient de Variation ; CVM : Coefficient Moyen de Variation, ddl : degré de liberté.

Ce tableau 36 montre qu'au niveau des répétitions la différence est non significative pour tous les paramètres étudiés, ce qui prouve que le sol est homogène du point de vue fertilité. Au niveau des traitements (digestats), la différence est non significative pour le nombre moyen de gousses par plant et le poids de 1000 graines et significative pour la hauteur des plants à la récolte, le nombre moyen de graine par gousse et le rendement. Cela peut s'expliquer par l'application des digestats qui ont positivement influencé la fertilité du sol par rapport au besoin de la plante.

 Avec un coefficient de variation en moyenne de 9,43%, (inférieur à 15%), on peut affirmer que l'essai est d'une bonne précision.

4.1.3.6 - Comparaison des moyennes par le test de la PPDS 0,05

La comparaison des moyennes par le test de la Plus Petite Différence Significative (PPDS) est consignée dans le tableau **37**.

Tableau 37 : Comparaison des moyennes par le test de PPDS$_{0,05}$ du haricot

Variante	HMPR (cm)	NMGG	NMGP	PMG (g)	Rdt (t/ha)		sd
Témoin	14.34[a]	2,75[a]	17,25[a]	396[a]	1,43[a]		
Faranah	22,59[b]	3,65[b]	16,60[a]	401[a]	1,73[a]		+- 2,26
Dabola	23,78[b]	3,40[b]	22,30[a]	382[a]	1,98[b]		
Dinguiraye	20,21[b]	3,55[b]	23,45[b]	391[a]	2,01[b]		
PPDS 0,05	5,19	0,64	5,91	250	0,38		

Ce tableau montre que l'origine des digestats a influencé positivement le nombre moyen gousses par plant, le nombre moyen de graines par gousse et la hauteur des plants à la récolte. Statistiquement on a remarqué l'existence de deux 2 classes distinctes excepté le poids de mille graines où il n'y a pas eu de différence significative entre les digestats.

4.1.3.7 - Analyses biochimiques des grains du haricot

Dans le tableau 38 sont consignés les résultats obtenus

Tableau 38 : Analyses biochimiques des graines de l'essai du haricot

Variante	Paramètres d'analysés					
	Humidité (%)	Matière sèche (%)	Protéine (%)	Matière grasse (%)	Matière minérale (%)	Cellulose brute (%)
T0	8,12	91,88	12,80	2,91	3,43	15,4
Dfa	8,10	91,99	15,00	3,01	3,85	17,90
Dda	7,77	92,23	14,10	3,70	3,70	16,90
Ddi	8,38	91,62	15,40	3,23	3,64	16,20

On constate qu'il n'existe pas de différence entre les digestats de provenances différentes. Par rapport au témoin (T0) les digestats de toutes les provenances ont augmenté la teneur en protéine. Cette augmentation a amélioré la qualité biochimique des graines. Pour la matière grasse, la matière minérale et la cellulose brute, l'augmentation de leur teneur n'est pas remarquable.

4.1.4 - Analyse comparative des deux essais

4.1.4.1 - Analyse générale

L'analyse comparative de ces deux essais se justifie par le fait qu'ils ont pour objectif d'étudier l'influence des digestats issus de la méthanisation de la bouse de vache sur les cultures du maïs et du haricot dans la Région Administrative de Faranah. Les études ont été réalisées dans les conditions édapho-climatiques de l'une des plus grandes régions d'élevage bovine de la Guinée. Le but est de faire ressortir les possibilités de valorisation de cette matière organique dans l'exploitation agricole surtout en cas de déficit ou cherté des engrais minéraux.

4.1.4.2- Synthèse des 2 essais

Les expérimentations ont prouvé que le digestat utilisé comme fumure organique influence les paramètres tant morpho-physiologiques qualitatifs que quantitatifs de la culture du maïs et du haricot. L'ensemble des paramètres étudiés montre que les deux essais ont été influencés positivement.

4.2- DISCUSSION

Dans cette partie, la discussion partielle de chaque culture est déclinée et suivie de la discussion et conclusion générale.

4.2.1- Discussion partielle sur le maïs

Durant les 94 jours de l'essai, la quantité de pluie tombée (1240,12mm) a été suffisante pour les besoins en eau du maïs, à savoir 500 mm d'eau bien repartis pour un maïs de 90 jours.

Les teneurs en éléments assimilables NPK du sol sont faibles (0,00022-0,0159g/kg MS), très élevées pour les digestats (1,06-6,13g/kg MS). Les sommes des bases échangeables comprises entre 10,7 à 14,6 méq/100g de sol et 7,80 à 8,25 meq/100g des digestats sont excellentes. Les capacités d'échanges cationiques variant de 13,5 à 18,1méq/100g de sol et de 0,22 à 0,35 méq/100g des digestats sont respectivement basses et moyennes. Le cycle végétatif a varié de 84 à 94 jours pour le témoin et Faranah respectivement et est conforme à la fiche technique qui indique 80 à 95 jours et selon (Lagrange ,1979).

L'accroissement journalier des plants de maïs du $30^{\text{ème}}$ au $45^{\text{ème}}$ jours après semis a été remarquable pour toutes les variantes ce qui soutient l'idée du http://www.yara.fr qui précise que la croissance rapide des plants du maïs du $30^{\text{ème}}$ au $45^{\text{ème}}$ jour dépend la disponibilité des éléments nutritifs.

Le nombre moyen de rangé par épi se trouve dans l'intervalle donné par ESCLANTE et *al.* (2012) qui écrivent que selon les variétés, les grains sont disposés en 8 à 20 rangées verticales le long de l'axe de l'épi, appelé rafle.

Le poids moyen de 1000 graines (192,65g) obtenu au cours de l'essai se trouve dans les limites indiquées par ESCLANTE et ses *al.* (2012) selon lequel le poids moyen de 1000 graines varie de150 à 330g. Les rendements moyens obtenus ont prouvé que le digestat de Dabola a été le meilleur (4,67t/ha), ce qui est conforme à l'idée de (Ouattara, 2011), qui dit que le rendement moyen des variétés sélectionnées par la recherche est de 2 à 5 t/ha, et qui stipule que pour un rendement de 4,86 t/ha de maïs, il faut 12 tonnes de fumure organique bien décomposée.

En général les trois digestats utilisés ont eu un effet positif sur le rendement du maïs, ce qui confirme l'idée de Ouattara (2011) qui explique que l'utilisation d'amendements organiques aux doses de 2, 6, 9 et 12t/ha permet d'améliorer le rendement du maïs jusqu'à 28%.

4.2.2- Discussion partielle sur le haricot

Les données météorologiques enregistrées au cours de l'essai ont été favorables à la croissance et au bon développement du haricot. La température minimale (24,04° C), est au-dessus de celle signalée par RAZANADRAKOTO (2005) qui indique que la température minimale pour le développement du haricot varie 12 à 13°C pour les variétés naines et de 14 à 15°C pour les variétés rames. La température moyenne durant l'essai est de 24,39°C largement supérieure à celle donnée par RAZANADRAKOTO et *al ;* (2005) qui indiquent que le haricot se développe généralement bien sous une température de 14,5°C.

Le cycle végétatif a varié de 60 à 65 jours pour les traitements, ce qui est inférieur à celui donné par RAZANADRAKOTO et *al ;* (2005) qui indiquent que le cycle végétatif du haricot varie de 90 à 108 jours.

Le poids moyen de 100 graines varie (382 à 546 g) et est largement supérieur à celui donné par FAO(2006) qui stipule que le poids de 1000 graines du haricot se situe entre 240 à 347,5g.

Les rendements moyens varient de 1,43 à 2,01t/ha ce qui est conforme à l'idée de FAO(2006) selon qui le rendement moyen du haricot trouvé par la recherche est de 1t/ha en Amérique. Ces rendements sont largement supérieurs à ceux donnés par FAO(2006) au niveau mondial qui dit que le rendement moyen du haricot varie de 0,074 à 0,15t/ha. Comparativement aux rendements obtenus par GOUST (2003) ; FAO(2006) les rendements sont nettement inférieurs 1,43 à 2,01t/ha.

D'une manière générale les trois digestats utilisés ont eu un effet positif sur le rendement du haricot, ce qui confirme l'idée de FAO(2006) qui explique que l'utilisation d'amendements organiques aux doses de 2, 6, 9 et 12 t/ha permet d'améliorer le rendement du haricot jusqu'à 28%.

Les teneurs en éléments nutritifs prouvent que le sol est pauvre. C'est ce qui justifie l'apport des digestats comme amendement du sol afin d'augmenter les rendements du haricot.

Les caractéristiques physiques du sol sont conformes aux exigences édaphiques du haricot.

L'amélioration de la qualité des graines a été favorable par l'application du digestat qui à son tour a amélioré les teneurs en protéines.

Les résultats sont comparables à données bibliographiques relatives à l'utilisation du digestat et confirment la possibilité de valoriser le digestat dans l'amendement du sol en vue d'augmenter les rendements des cultures sans risque.

4.2.3 - Discussion générale

Les données météorologiques enregistrées au cours de l'essai ont été favorables à la croissance et au bon développement des 2 cultures. La température minimale (24,04°C), est au-dessus de celle signalée par IITA (1982) qui indique que la température minimale pour le développement du maïs est de 19°C. La température moyenne durant l'essai est de 24,39°C légèrement inférieure à celle donnée par IITA en 1982, qui indique que le maïs se développe généralement bien sous une température qui varie de 25 à 30°C. Durant les 90 jours de l'essai, la quantité de pluie tombée (1240,12mm) est suffisante pour les besoins en eau du maïs, à savoir 500 mm d'eau bien repartis pour un maïs de 90 jours.

Les résultats obtenus au cours de cette recherche nous ont permis d'avoir des informations relatives à l'effet des variantes expérimentales sur les paramètres de croissance et de production du maïs et du haricot dans les conditions édaphoclimatiques de Faranah.

Le pH du sol est (6,25) et supérieur à celui des digestats (5,52) et inférieur à celui de la bouse de vache (6,86). Ce qui justifie l'apport des digestats pour améliorer les propriétés chimiques du sol et favoriser la croissance et le développement du maïs et du haricot. Cela confirme l'idée de Charnay (2005), qui stipule que les substances basiques de la matière organique et les substances humiques sont bénéfiques contre l'acidification du sol et le stabilisent chimiquement.

CONCLUSION ET PERSPECTIVES

CONCLUSION ET PERSPECTIVES

Dans le cadre de la gestion et de la valorisation des digestats issus de la production de biogaz à partir de la bouse de vache, nous avons expérimenté la culture du maïs (variété « Espoir » et du haricot *(Phaseolus vulgaris)* de la variété naine GPL 190 de couleur blanche à l'ISAV de Faranah/Guinée. Les digestats (fertilisants) ont été appliqués à 12.5 tonnes par hectare conformément à la norme (12 à 20T/ha), Ce qui nous a donné les résultats suivants :

- 75 Paramètres ont été déterminés soit 48 par analyse, 5 par dénombrement, 3 par mesure, 1par pesage, 9 par calcul et 9 par observation pour la culture du maïs et du haricot.

- Les conditions climatiques ont été favorables à la culture du maïs et du haricot, avec les valeurs moyennes suivantes :

- Température : $24,33^0C$; vitesse du vent : 0,88m/s ; humidité relative : 84,63% et pluviométrie : 297, 92mm

- Les caractéristiques physiques et chimiques du sol ont révélé qu'il est ferralitique pauvre en azote, phosphore et potassium assimilables. Ce qui justifie l'apport des nutriments (par exemple le digestat) pour couvrir les besoins des plantes. Le sol du site a une texture sablo-limoneuse en surface, limono-argilo-sableuse en profondeur avec un pH légèrement acide de 6,25 et 1,99% de matière organique.

- Les qualités chimiques, de la bouse de vache et des digestats montrent que le digestat et la bouse de vache de Gbénikoro (Faranah) ont les teneurs les plus élevées en matière sèche (23,27% et 49,45%) tandis que ceux de Dinguiraye ont les teneurs les plus faibles (21,02% et 27,41%). La teneur en ammoniac du digestat et de la bouse de vache est plus élevée (2,87mgN /g bouses de vache et 0,11mgN /g dans le digestat de Faranah). Le pH est légèrement acide pour Maregalla Dinguiraye (6,62) et Foudéen Dabola (6,80) sauf pour le digestat de Gbenikoro Faranah où il est fortement acide (3,86) et légèrement basique pour la bouse de vache de Maregalla (7,30).

- On note la présence des parasites (Œufs d'ankylostomes, d'ascaris, Schistosome mansoni, des larves d'anguillule) et des microbes (les coliformes fécaux, les entérocoques fécaux et les salmonelles) dans la bouse de vache et des digestats d'où la nécessité de procéder à un contrôle sanitaire avant toute utilisation ;

- Les digestats ont amélioré les propriétés du sol et ont augmenté le rendement du maïs (variété « Espoir ») ainsi que celui du haricot (variété naine GPL 190 de couleur blanche). Le digestat Dabola a donné le plus haut rendement (4,67t/ha), suivi de celui de Faranah (3,39t/ha) et le témoin a donné le plus faible rendement (1,62t/ha) pour le maïs. Quant au haricot nous avons obtenu le plus haut rendement avec le digestat de Dinguiraye (2,01 t/ha) suivi du celui de Dabola (1,98 t/ha). Le témoin a donné le plus faible rendement (1,43 t/ha).

- La paniculation, l'épiaison et la maturation ont été influencés par l'application des digestats à différents niveaux ;

- Pour le maïs, le nombre moyen de rangées par épi et le rendement ont augmenté par rapport témoin tout comme la longueur moyenne des épis et le nombre moyen de grains par ranger. L'analyse statique a révélé que : le nombre moyen de grains par plants, le nombre moyen de gousses par plant la hauteur moyenne des plants à la floraison et le rendement pour le haricot ont affiché une différence significative entre les digestats chez le haricot. Ce qui signifie que le digestat a eu un impact sur ces différents éléments ;

- Pour le maïs on contacte une diminution du taux de cellulose dans tous les traitements par rapport au témoin et une légère diminution pour l'humidité, la matière sèche et la matière grasse.

- Pour le haricot le taux de protéine a augmenté ;

- Le cycle végétatif de du maïs a été 94jours et celui du haricot 60 jours ;
- Les deux cultures ont été attaquées par les coccinelles, les escargots et la méthode mécanique a été utilisée pour leur contrôle ;
- Des paramètres agronomiques (nombre moyen de gousses par plant, nombre moyen de graines par gousse, poids de 1000 graines et rendement) et biochimiques des graines du haricot et du maïs (humidité, matière sèche, protéine, matière grasse, matière minérale et cellulose brute) ont été déterminés et comparés en fonction de l'origine des digestats. Il ressort de ces résultats que, les paramètres agronomiques et biochimiques de maïs et du haricot ont variés en fonction de l'origine des digestats.
- Le coefficient moyen de variation de l'essai du maïs est de 9,95%, et celui du haricot est 9,43%, sont tous inférieurs à 15% ; on peut affirmer que les essais ont une bonne précision.

En outre, nous avons publié deux articles qui sont consignés en annexe dont :

- Le premier sur le maïs dans le Journal International de Recherches Avancées et des idées Innovatrices en Education (IJARIIE) en Inde ;
- Le second sur le haricot dans le Journal International de Recherches et des Publications Avancées (IJARP) en Inde ;

Pour la continuation de la recherche les perspectives ci-après sont envisagées :

- Evaluation agronomique des digestats en culture céréalière sur sol hydromorphe en Haute Guinée,
- Etude des doses croissantes des digestats en maïsiculture.

REFERENCES BIBLIOGRAPHIQUES

REFERENCES BIBLIOGRAPHIQUES

1. **ADEME, 2011**. Qualité agronomique et sanitaire des digestats, France, 255p.
**AKANVOU L., AKANVOU R., ANGUETE K. et DIARRASSOUBA L.
2007**. Bien cultiver le maïs en Côte d'Ivoire. Abidjan, Côte d'Ivoire.
CNRA : 3-4p.

2. **ALLAWAY R. 2011**. Les Engrais verts. 41p.

3. **ANNONYME. 2015.** Culture du haricot rouge ou haricot commun (phaseolus vulgaris). 6 p.

4. **AAN 2007.** Production-végétale des grandes cultures en Suisse. (7) : 1-4p
ANONYME. 2014. Les avantages et inconvénients liés à l'utilisation
d'engrais et de pesticides. Canada, Amérique. Edition Chenelière. (3) : 2-3p.

5. **ARAN CHRISTOPHE, 2000.** Modélisation des écoulements de fluides et des transferts de chaleur Au sein des déchets ménagers. Application à la réinjection de lixiviats dans un centre de Stockage. Doctorat de l'Institut National Polyethnique de Toulouse. 262p.

6. **ASSOCIATION RECORD 2009.** (Réseau Coopératif de Recherche sur les Déchets). Technique de Production d'électricité à partir de biogaz et de gaz de synthèse. Rapport final, janvier, 254 p.

7. **AUILAR A., CASAS C. LEMA J. M. 1995**. Dégradation of Volatile Fatty Acids by Differently Enrichie Méthanogène Cultures : Kinetics and inhibition. Water Research, vol. 29, n°2, p. 505 – 509.

8. **ASTERIO T. 2005**. Stratégie de gestion des déchets solides pour la région pacifique. Paris, France. 71p.

9. **BANNEROT H., MESSAIEN C. M., et FOURY C**. 2003. Histoires de légumes, des origines à l'orée du XXIème siècle, INRA éditions, Paris, (ISBN 2-7380-1066-0). 103p

10. **BARRY I. 2013**. Valorisation de la biomasse locale dans la production du Biogaz à l'ISAV-VGE de Faranah. Mémoire de master en agriculture durable et gestion de ressources en eau. Option gestion des ressources naturelles, ISAV-VGE de Faranah, Guinée. 59p

11. **BAUMANN R., 2010**, From Digestate to Organic Fertilizer. Example of a Multi-Stage Digestate Conditioning, International Symposium: Progress in Treatment of Manure and Digestate, 24-25.

12. **BEKKERING J., BROEKHUIS A. A., VAN GEMERT W. J. T.**, 2010 Optimisation of a Green gas supply chain. A Review Bioresource Technology, vol. 101, pp. 450 - 456.

13. BOIRO Mamadou Saliou, BALDE Younoussa Moussa, SANDWIDI Gwladys, 2017. Rapport de formation sur les techniques de construction de digesteur, Conakry, 35p.

14. BRAUMAN A., FONTY G. ET ROGER P., 2008. La méthanisation dans les écosystèmes

15.CAMARA M. M, 2017. Effet du BOLAME foliaire préparé sur le rendement du maïs à l'ISAV-VGE de Faranah. Mémoire de master en agriculture durable et gestion de ressources en eau. Option Production végétale, ISAV-VGE de Faranah, Guinée. 59p

16.CISSE A., SOUMAH D, SOUMAH S. 2005. Étude des caractéristiques biologique de la variété locale de maïs BOURAGBE, D.E.S, production végétale, ISAV/ Faranah, République de Guinée 30p

17.CIRAD-GRET. 2002. Ministère des affaires étrangère. Mémento de l'agronome. 6ème édition. CIRAD et GRET 75001. Paris, France. 1691p.

18.DENAIFFE.A 2012. Les Haricots, librairie horticole 84 bis, rue de grenelle- Paris, France. 29p

19.DIALLO.M. T, 2017. Influence de la dose de fiente de poules sur la pomme de terre (solanum tuberosum l.) soumise à différents stress hydriques a pita en république de Guinée, Thèse de doctorat ,110p.

20. DIALLO S. B., 1989. Influence de la matière organique sur la fertilité de quelques types de sols dans les conditions extrêmes d'humidité. Thèse de Doctorat, Timinozav Acoa Agricole Moscou, URSS, 180p.

21.DIALLO S. B., DIALLO M. T.et ZHANG B. 2013. Gestion de la fertilité des sols. ISAV-VGE/SEA Faranah, République de Guinée, 58p.

22.DIAWARA J. M. 2004. Gestion des déchets solides. Ouagadougou. Burkina Faso. 51p.

23. DIABATE I. S., THONART P. 2006. Guide pratique sur la gestion des déchets ménagers et des sites d'enfouissement technique dans les pays du sud. Québec. Canada. 146p.

24. DUPRARQUE A, RIGALLE P., 2011. Composition des MO et turn over ; Rôles et fonctions des MO, actes du colloque « Gestion de l'état organique des sols, Agro-transfert. Extrait

25.EARL Domino. 2014. Plan d'épandage du digestat produit par l'unité de méthanisation de Pauvres. Charleville, France. 3-4p

26. ESCALANTE M., HOOPEN T. ET MAÏGA A. 2012. Production et transformation du maïs. Douala-Bassa, Cameroun. ISBN 978- 92-9081-494-8. 32p

27.Essam ALMANSOUR, 2011. Bilans énergétiques et environnementaux de filières biogaz Approche par filière-type. Thèse de doctorat, Université Bordeaux 1.147p

28.FLAURANT POUAN, 2011. Valorisation énergétique des tourteaux de jatropha par méthanisation. Mémoire de Master en Energie et Procédés Industriels/2iE, 71p.

29.FREDERIC G. 2015. Les engrais organique (pdf). 4p.

30. FAO, 1990. *Production et santé animale, Revue mondiale de Zootechnie*

31. FAO. 2012. Catalogue es espèces et variétés de cultures vivrières d'intérêt communautaire dans l'espace (CEMAC). Rome, Italie. ISBN 978-92-5-207193-8. 68p.

32.FACIA G. F. A. 2013. Caractérisation du biogaz produit à partir des substrats bovins et porcins dans la Région du Centre du Burkina Faso. Master 2iE, Burkina Faso, 56p.

33.FLAURANT POUAN, 2011. Valorisation énergétique des tourteaux de jatropha par méthanisation. Mémoire de   Master en Energie et Procédés Industriels. 71p

34.FOOD AND AGRICULTURE ORGANIZATION (FAO). 2006. Glossaire de la gestion intégrée des éléments nutritifs (pdf). 47p.

35.GUEYE M. T., SECK D., WATHELET J. P., LOGNAY G. 2012. Typologie des systèmes de stockage et de conservation du maïs dans l'est et le sud du Sénégal. Dakar, Sénégal. Biotchnol. Agrono. Sol et Environnement. 10p.

36. GUILLAUME J. 2010. Ils ont domestiqué plantes et animaux : Prélude à la civilisation, Éditions Quæ, (ISBN 978-2-7592-0892-0). 456p.

37. GRAHAM P. H. 1980. Some problems of nodulation and symbiotic nitrogen fixation in Phaseolus vulgaris, in Elsevier scientifique publishing company, Netherland. 55pages

38.GOUST J. 2003. Le haricot, L'encyclopédie du potager. Actes Sud, Arles (ISBN 2-7427-4615-3). 112p.

39. Gac A., Béline F. Bioteau T., Maguet K., 2007. A French Inventory of Gaseous Emissions (CH4, N2O, NH3) from Livestock Manure Management Using a Mass-Flow Approach. Livestock Science 112, 252-260.

40. GANRY F.1991. Valorisation des résidus organique à la ferme et maintien de la fertilité du sol. Montpellier France CIRAD, 331p.
HONFOGA B. 2007. Vers des systèmes privés efficaces d'approvisionnement et de distribution d'engrais pour une intensification agricole durable au Bénin. Cotonou, Benin. 33p.

41. HARLAN J. R. 1987. Les plantes cultivées et l'homme. Paris, France. 414P

42.INERIS, 2009. Etude de la composition du biogaz de méthanisation agricole et des émissions en Sortie de moteur de valorisation, DRC-09-94520-13867A, 107p.

43. INRAN 2012. Promotion de la technique de compost aérien au niveau de l'exploitation maraichère, 4-9p.

44.INRA. 2006. Le haricot in Histoire et amélioration de cinquante plantes cultivées, INRA éditions. 335p.

45.JACOBSON A. 2010. Du fayot au mangetout, l'histoire du haricot sans en perdre le fil, (ISBN-978-2-8126-0172-9). 301p.

46.J. Luc FARINET, 2008. Techniques de méthanisation en régions chaudes, déchets, technologies et applications. Risque Environnemental du Recyclage, Montpellier II, 12 p.

47.JOANESON LACOUR, 2012. Valorisation de résidus agricoles et autres déchets organiques par digestion anaérobie en Haïti. Thèse en cotutelle, Institut National des Sciences Appliquées de Lyon, Ecole doctorale Chimie Lyon, 217p.

48.KANE C. H. 1983. Agriculture tropicale en milieu paysans. Dakar, Sénégal. 175p

49.KUEPPER G. 2010. Du fumier pour les cultures biologiques. Canada, Amérique. ATTRA N° IP127. 17p

50. MARIE LESENFANTS, 2011. Optimisation et étude de faisabilité de l'implantation de

51. Bio digesteurs domestiques et agricoles dans deux sous régions de la province d'Essaouira (Maroc). Université de Liège, 113p.

52.MADELEINE I., PETER S. 2005. La fabrication et l'utilisation du compost, 2ème trimestre. Tom Veldkamp. 6^{ème}édition, Pays-Bas. 72p.

53.MORAL R., PAREDES C., BUSTAMANTE M.A., MARHUENDA-EGEA F., BERNAL M.P. 2009. Utilisation of manure composts by high-value crops: Safety and environmental challenges. Bioresource Technology (100), 5454-5460

54.M'SADAKY., M'BAREKB. A., 2017. Valorisation combinée des digestats avicoles solide et liquide pour la production hors sol des plants de tomate en Tunisie, Larhyss Journal, ISSN 1112-3680, n°30, pp. 27-44

55.MACIAS C. M., SAMANI Z., HANSON A., SMITH G., FUNK P., YU H. AND LONGWORTH J.2008. Anaerobic Digestion of Municipal Solid Waste and Agricultural Waste and the Effect of Codigestion with Dairy Cow Manure', Bioresource Technology, Vol. 99, N°17, pp. 8288 - 8293.

56. MOKRY M. 2017. Valorisation agronomique des digestats : effets fertilisants en grandes cultures comment les optimiser. Pforzheim, Allemagne, 71p

57. MCHINDA AH., 2015. « Effets du compost à base de calopogonium mucunoïdes (desv) sur le rendement du maïs « GY628 » à Faranah ». Mémoire de Master, ISAV-VGE. Faranah, République de Guinée., 84p

58. MAMY M. M. 2012. Valorisation de la fiente de poule combinée au son de riz en culture de maïs à Nzérékoré. Mémoire de Master en agriculture durable et gestion de ressources en eau, ISAV-VGE. Faranah, Guinée. 75p

59.SOILIHIA. M. 2013. Valorisation des déchets urbains biodégradables en gestion durable de la fertilité des sols ferralitiques en culture d'aubergine, Master en Agriculture Durable et Ressource en Eau, ISAV-VGE. Faranah, République de Guinée, 81p.

60. MARTY P.1992. Fiche technique d'agriculture spéciale à l'usage de l'enseignement agricole africain

61.NASKEO ENVIRONNEMENT. 2009. Le digestat. 8p.

62.ORTEGA A. 2008. Insecte ravageur du maïs : guide d'identification au champ. Mexico, Mexique. 115p.

63. ORLOV D. C., 1985. Chimie des sols. : Univ. Lomonossov de Moscou URSS. 376 p.

64. PIERRE N., 2005, les plantes cultivées en région tropicale d'altitude d'Afrique, (éd les presses agronomiques de Gembloux), Gembloux, Belgique, 223p.

65.POMA M. 2015. Le maïs : son origine et ses caractéristiques. 6p.

66.RAZANADRAKOTO N. Y. 2005. Optimisation et diffusion de la culture de haricot selon les techniques agroécologiques ; dans la région de Mangaro : cas de Sabotsy Angyro Antananarivo, Madagascar. 11-17p.

67. RECORD, 2009. Techniques de production d'électricité à partir de biogaz et de gaz de synthèse, n°07-0226/1A, 253p.

68.SAKOUVOGUI.A (2019), thèse de doctorat : Evaluation du potentiel Energétique des déjections animales et des émissions de méthane en vue de la réalisation et de l'expérimentation d'un digesteur à Mamou, République de Guinée, 93p.

69.SFA. 2010. Manuel d'utilisation des engrais : Grandes cultures arboriculture cultures maraîchères et industrielles. Annaba, Algérie. 100p **SYLVIER. 2008**. La production d'éthanol à partir de grains de maïs et de céréales. Québec, Amérique. CRAAQ. 15p

70. SILLAYE 2010. Etude de la composition chimique et de valeur nutritive de quelques aliments du Sénégal céréales locales améliorées, légumineuses, feuilles graines, poisson ''thiof'' et escargot de mer '' yette''. Dakar, Sénégal. 43p

71.TOTO. 2012. Projet de Sécurité Alimentaire pour les Exploitations Familiales de Basse Guinée.

72.TOM W. B., HEFFER P., ROSS M. WELCH, CAKMK I., MORAN K. 2013. Étude scientifique **:** Fertiliser les cultures pour améliorer la santé des hommes. Paris, France. 8p

73.VERVILLE. J. L. 2003.Chapitre 6 : Origine et Évolution. Mexico, Mexique. 20p.

74.YVAN CHOUINARD, 2016. 65ème Congrès de l'Ordre de Agronomes du Québec, Production et émission du Méthane et du Gaz Carbonique par les ruminants, Université Laval, septembre, 10p.

SITES ET LIENS INTERNETS VISITES :

1. www.agridea.ch 22 mars 2018 10h :15
2. http://agreste.agriculture.gouv.fr 15 Juin 2019 à 21h 05 Production, Etude et Prévision sur le maïs
3. http://www.yara.fr/fertilisation/cultures/mais/les-fondamentaux/besoins-nutritionnels/
   16/06/2019 22h : 00 Nutrition du maïs
4. http://www.fao.org/3/X5158F/x5158f18.htm : Production et utilisation du Mais en Guinée : 15 Août 2019 à 18h 15
5. https://www.asjp.cerist.dz/en/article/9664 le 25 Août 2019 à 08h 00 : Besoin en Eau du Haricot
6. https://www.natura-sense.com/quelles-sont-les-conditions-de-germination.html 27 Août 2019 à 10h 00 : Condition et phase de germination des grains d'haricot

7. http://ipsinternational.org/fr/_note.asp?idnews=7403). 27 Août 2019 à 10h 25 : Développement de la culture du haricot comme produit d'exportation en guinée

8. https://alimentation.ooreka.fr/astuce/voir/372911/haricot-blanc 27 Août 2019 à 11h 05 : Valeur et qualité nutritionnel de haricot blanc

9. http://www.ecosociosystemes.fr/typologie_sols.html. 28 Août 2019 09h 00 : Typologie des sols

10. shttps://www.passeportsante.net/fr/Nutrition/EncyclopedieAliments/Fiche.aspx?doc=mais_nu 02 Septembre 2019 10h 00 : Mais : Bienfait Santé et Valeur Nutritionnel

11. https://engrais.ooreka.fr 05 Août 2018 09h 00 : Engrais Herbes

12. www.gerbeaud.com 07 Août 2018 09h 00 : Fiche Pratique

13. Encyclopédie Microsoft Encarta 2009. 10 Octobre 2018 à 16 : 47

ANNEXE

QUELQUES PHOTOS DE TERRAIN

Photo 1 : Bio-digesteur de Dinguiraye 8/06/2018

Photo 2 : Prélèvement du Digestat dans la Fosse à Compost à Dinguiraye 8/06/2018

Photo 3 : Prélèvement du Digestat

Photo 4 : Bio-digesteur de Faranah
12/06/2018

Photos 5 : Profil pédologique
exécuté le 18/06/2018

Photo 6 : Prélèvement des
échantillons du sol
18/06/2018

Photo7 : Détermination de NPK
et du pH du sol au laboratoire
ISAV/F. 22/06/2018

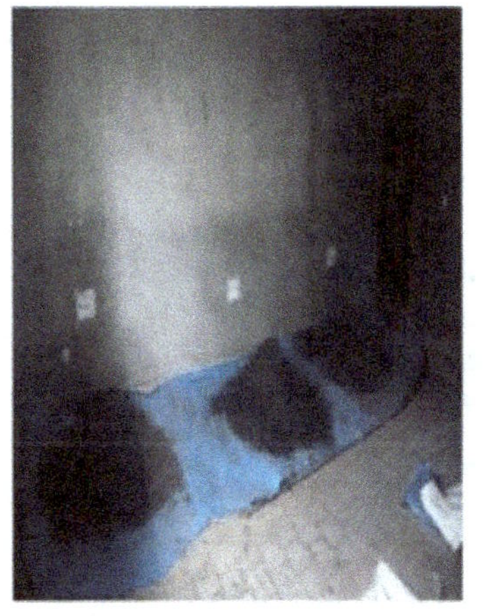

Photo 8 : Digestats préparés pour
l'épandage 28/06/2020
22/06/2018

Photo 9 : Préparation du champ
expérimental du maïs
4/07/2018

*Photo 10 : Végétation 15 jours
après semis du maïs
24/07/2018*

*Photo 11 : Végétation 40 jours
après semis du maïs 20/08/2018
20/08/2018*

*Photo 12 : Ramassage des chenilles
29/07/2018*

Photo 13 : Echantillons récolté parcelle élémentaire du maïs 12/10/2018

Photo 14 : Epis séchés du maïs 12/10/2018

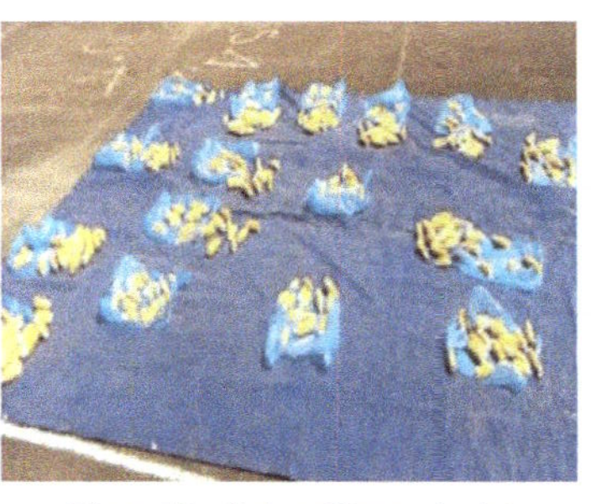

Photo 15 : Grains du maïs après séchage 20/10/2018

Photo 16 : Montage du Dispositif expérimental du haricot 16/07/2018

Photo 17 : Vue de l'essai après 15 jours de semis du haricot 30/07/2018

Photo 18 : Floraison 40jours après semis du haricot 24/08/2018

Photo 19 : Début de
fructification du haricot
3/09/2018

Photo 20 : Comptage des
gousses par plant 14/09/2018

Photo 21 : graines de haricot
après séchage 26/10/2018

ARTICLES PUBLIES

Premier article : VALORISATION AGRONOMIQUE DES DIGESTATS ISSUS DE LA METHANISATION A PARTIR DE LA BOUSE DE VACHE DANS LA REGION ADMINISTRATIVE DE FARANAH

Deuxième article : **INFLUENCE DE DIGESTATS (FERTILISANT) ISSUS DE LA METHANISATION SUR CERTAINS PARAMETRES AGRONOMIQUES ET BIOCHIMIQUES DU HARICOT (*PHASEOLUS VULGARIS L.*) A FARANAH (REPUBLIQUE DE GUINEE)**